デザイニング・ボイスユーザーインターフェース

音声で対話するサービスのためのデザイン原則

Cathy Pearl 著
川本 大功 監訳
高橋 信夫 訳

本書で使用するシステム名、製品名はいずれも各社の商標、または登録商標です。
なお、本書では™、®、©マークは省略している場合もあります。

Designing Voice User Interfaces

Principles of Conversational Experiences

Cathy Pearl

Beijing · Boston · Farnham · Sebastopol · Tokyo

©2018 O'Reilly Japan, Inc. Authorized Japanese translation of the English edition of "Designing Voice User Interfaces".
©2017 Cathy Pearl. All rights reserved. This translation is published and sold by permission of O'Reilly Media, Inc., the owner of all rights to publish and sell the same.

本書は、株式会社オライリー・ジャパンが O'Reilly Media,Inc. との許諾に基づき翻訳したものです。日本語版についての権利は、株式会社オライリー・ジャパンが保有します。

日本語版の内容について、株式会社オライリー・ジャパンは最大限の努力をもって正確を期していますが、本書の内容に基づく運用結果について責任を負いかねますので、ご了承ください。

はじめに

　私たちは不思議な時代を生きている。リビングのソファに座り、自分の声だけを使って熊のグミを 500g 注文して 2 時間以内に配達してもらえるのだ（これができるのが果たして良いことなのかどうかの議論は、別の本に譲ろう）。
　最近の音声認識技術——人間が話したことをコンピューターに理解させるための技術——の進歩はめざましい。1999 年に私が Nuance Communications でボイスユーザーインターフェース（以下、VUI）のデザインを始めたとき、私が話した "checking" と "savings" の違いをコンピューターが認識したことに驚いた。今ではスマートフォン（これも魔法のデバイスのひとつだ）に向かって「ここから 2 マイル以内にある Wi-Fi の使えるコーヒーショップを教えて」と言えば、見つかったすべての店への道順を教えてくれる。
　1950 年代にコンピューターが人間の想像力をかきたてるようになったころ、話し言葉の認識は比較的容易な問題だと考えられていた。「何といったって……2 歳児だって言葉を理解できるのだから！」
　しかし、ふたを開けてみると、コンピューターに言語を理解させることは極めて複雑な作業だった。独特な言語のニュアンスや癖は人間でも理解するのに時間がかかる。コンピューターがごく単純な命令を理解するためのプログラムを作るのに、人は何十年もの時間を費やした。言語を真に理解できるのは物理的な存在だけだと信じる人たちもいた。なぜなら物理的な世界のコンテキスト（文脈）がわからなければ、言葉の背後に隠された意味を理解することは困難だからだそうだ。
　音声認識は、現実世界に登場するずっと前から SF の中に存在していた。1968 年の映画『2001 年宇宙の旅』に出てくる HAL 9000 は、音声の命令に反応する知性を持つコンピューターだった（ただし、必ずしも命令されたことを実行したわけではない）。

『2001年宇宙の旅』とHAL 9000は映画ファンに強烈な印象を植えつけた。今でもVUIやチャットボットをテストするときには、映画に登場する有名なセリフ「ポッドベイのドアを開けてくれ、HAL（Open the pod bay doors, HAL.）」を使いたがる人もいるくらいだ。

映画『スタートレック IV 故郷への長い道』（1986年）では、エンタープライズ号の乗員たちが1986年へと時間の旅に出かける。1986年に戻ったあと、登場人物である機関部長のスコットはその時代のコンピューターを与えられ、音声で「コンピューター！」と言って仕事の命令をしようとした。しかし、コンピューターが反応しないので、エンタープライズ号の船医のマッコイはスコットにマウスを渡した。スコットはそれをマイク代わりにして音声で命令しようとするが、やはり反応しない。最後にはキーボードを使うようにと言われてマッコイは、「なんて陳腐な」とコメントした。たしかにキーボードが陳腐に見える日はいつかはやってくるだろうが、まだそこまでは行っていない。しかし、今われわれは音声認識に関してかつてないほどSFに近づいている。2017年、オンラインショップのThinkGeekはスタートレック「コムバッジ」という製品を販売し始めた。この製品は、1980年代のテレビシリーズと同じように、バッジをタップして音声コマンドをしゃべると、Bluetoothを通じて音声コマンドがスマートフォンに送られる。

私はこの製品の存在を極めて重要なことだと捉えている。電話ベースの音声システムは20年前からあるし、携帯電話のVUIも誕生してから10年近くになるが、このバッジからはボイステクノロジーの将来を占う当初のビジョンが一周回って戻ってきたような印象を受ける。それは生命を模倣するというイマジネーションだ。

この本を書いた理由

さて、もしわれわれがすでにそこまで——スタートレック並みのコンピューターとのヒューマン・コンピューター・ボイスインタラクション——実現できているのだとしたら、なぜこの本が必要なのだろうか。

設計の悪いサーモスタットを使うのに苦労したり、コンロの違うバーナーに点火してしまったり（私は13年使っているコンロでいまだにこの失敗をする）、押すべきドアを引こうとした経験[*1]が一度でもある人なら、良いデザインがなければテクノロジーを使うことは困難、あるいは不可能だということを知っているだろう。

[*1] 詳しくは「Norman Doors: Don't Know Whether to Push or Pull? Blame Design.」（https://99percentinvisible.org/article/norman-doors-dont-know-whether-push-pull-blame-design/）参照。

音声認識の精度を上げることで解決できるのは問題の一部にすぎない。この情報をどのように活用するのか？　単語を認識するところから、誰かが本当に望んでいることを行えるようになるまでに、何をしなければならないのだろうか？

　現在のスマートフォンが持っている、人の話す言語を理解して動作するという能力は、自動音声認識（ASR：automated speech recognition）と自然言語理解（NLU：natural-language understanding）という2つの重要なテクノロジーに支えられている。もし誰かに、あなたの理解できない言語で話しかけられたら、おそらくあなたは言われたことを音声どおりに書き留めるだろう。それがASRの仕事だ。ただし言われたことの意味はまったくわかっていない。

　優れたVUIデザインの重要な側面として、すでに知られている対話の原理を活用することがある。あなたのユーザーはよちよち歩きのころから、はっきりと言葉を口に出して会話に参加することを経験している。小さな子どもに「赤い箱から緑色のボールを出して持ってきて」と言えば、その子どもは持ってくるべきものがボールであって箱ではないことを知っている（これは同一指示と呼ばれるもので、コンピューターにとっては難しい）。

　協調原理（cooperative principle）とは、会話を成功させるためには聞き手と話し手が協力しなくてはならないことを言う。ポール・グライスはこの理論を提唱し、4つの格率（行為の基準）に分類した。[*2]

質
　真実だと信じることを発話せよ。
量
　必要な情報のみを発話せよ。
関連性
　目の前の会話に関連のあることについて話せ。
様態
　話は明快に、他人にとって意味のある方法で説明せよ。

　この4つの格率に従わずに他者と会話を交わし、混乱といら立ちを経験してきた人も多いだろう。これらの格率に従わないVUIも同じような問題を引き起こす。格率

[*2] Grice 1975

を破る VUI がユーザー体験にマイナスの影響を与える様子を示す例をいくつか挙げる。

質	期待に添えないことを言ってしまう。たとえば「何かお手伝いしましょうか？」とは言うものの、実際にVUIにできるのはホテルの予約だけ。
量	余計な言い回し。たとえば「注意して聞いてください。オプションが変更になったかもしれません」（「それはよかった！ 教えてくれてありがとう」と誰か思うとでも？）
関連性	現時点で役に立たないことに関する指示を出す。たとえば、注文していない人に返品ポリシーを説明する。
様態	ユーザーを惑わす専門用語を用いる。

　人間は、さまざまな会話や社会的慣行に慣れている。仕事上の取引の際であっても、「こんにちは、お元気ですか？」などとあいさつし、電話を切ったり、その場を立ち去る前には必ず会話を終了させる。VUI は人間ではないが、基本となる社会的慣習に従うことで恩恵を受けることができる。

　あなたの VUI がここに挙げた原則を守っているとして、そのシステムは本当にユーザーのことを理解しているといえるのだろうか？ そしてそもそもそれが問題になるのだろうか。

中国語の部屋とチューリングテスト

　1980 年、哲学者のジョン・サールは「中国語の部屋」問題を提唱した。部屋の中に人間がひとり座っていて、漢字の書かれた紙を渡される。漢字の読み書きも、意味の理解もできないその人物は、渡された漢字をルールブック（任意の漢字に対して、別の漢字を返すルールがまとめられている）を参照して、返答を書き写して手渡す。

　部屋の外にいる人からは、この返答している人は中国語を完全に理解しているように見える。サールは、もしコンピューターが同じことをすれば、人はそのコンピューターを知的であると考えるかもしれないと主張した。実際には、そこに一切思考は介入していない。何といっても、部屋の中の人は中国語を理解していないのだから。

　1950 年、アラン・チューリングは「機械は考えることができるか？」という問いに答えるためのテストを提唱した。1991 年以来毎年、人間の審査員をだまして人間だと思い込ませたコンピューターの作者にローブナー賞が贈られている。審査員はコンピューターのプログラムと人間の両方とチャット（タイプ）して、どちらが人間で

どちらがコンピューターかを見極めようとする。長年の間にコンピューターはますます洗練されてきたが、いまだに金メダル（審査員全員にコンピューターを人間だと思わせる）を取った参加者はいない。最近では、Amazon が独自の競技会を始めた——その名も "Alexa Prize"。2017 年 Alexa Prize の上級課題は、人間と最近の話題について、理路整然と愛想よく 20 分間会話するソーシャルボットを作ることだ。

　この本は哲学書ではない。コンピューターが「考える」かどうかは本書で扱う問題ではない。この本ではもっと実用的なアプローチをとる。VUI やボットを人間だと思い込ませる必要はない。人間の会話のさまざまな面を模倣することは、良い VUI を作るうえで重要だが、ユーザーはコンピューターと話しているのだ、ということを表に出した方がいろいろな意味でうまくいく。人はボットに話しているとわかっているときの方が寛容になる。VUI のゴールは、VUI やボットを人間だとユーザーに思い込ませることであってはならない。VUI のゴールは、ユーザーの問題を効率よく、そしてユーザーが使いやすい方法で解決することであるはずだ。

本書の対象読者

　本書が対象とする主な読者は、携帯電話の VUI であれ、おもちゃであれ、あるいはホームアシスタントのようなデバイスであれ、VUI をデザインする人たちだ。ユーザーインターフェースデザインの原理の大部分は VUI にも当てはまるが、VUI のデザインと、ウェブサイトや GUI のみのモバイルアプリデザインとの間には重要な違いがある。GUI では、ユーザーのできることの数が限られている。また、いつボタンを押したか、メニュー項目を選んだかもはっきりしている。しかし、VUI では異なっている。誰かが話をしたとき、その人が何を話したかについて把握する優れた理論はすでにあるが、VUI で良いユーザー体験を提供するためには、他にも必要なデザイン要素をたくさん追加する必要がある。

　独自の VUI（あるいはチャットボットのような別のタイプの対話型ユーザーインターフェース）を作ろうとするデベロッパーは、基本的なデザイン原理を理解することで得られるものが多くあるだろう。そうすればプロトタイプもうまくいく可能性が高くなる。

　マネージャーやビジネス開発の担当者も、VUI デザインの課題は何か、今解決しようとしている問題に VUI が適しているかを学ぶことができる。場合によっては GUI アプリで十分であり、VUI が必要ないこともあるだろう。

本書の構成

1章：イントロダクション
この章では、VUIの歴史やVUIがあなたやあなたのアプリに合っているかどうかについての判断軸を述べる。また「対話的なインターフェース」の意味するところや、チャットボットについても概説する。

2章：VUIデザイン原理の基本
この章では、VUIを作るために知っておくべき基礎を述べる。この中には、デザインツールやユーザーへの確認、エラー時の振る舞い、ユーザーの習熟度などをテーマに、VUIデザインにおいて必須となるデザイン原理を取り上げる。

3章：ペルソナとビジュアルVUI
この章は、VUIにアバターやキャラクターを追加しようと考えているデザイナーに役立つだろう。また、自分のVUIにアバターが必要かどうか迷っている人にも有用だ。加えて、あらゆるVUIに不可欠なペルソナデザインについても考察する。

4章：音声認識技術
VUIデザイナーはこの章を必読してほしい。VUIデザインに大きな影響を与えるだろう、さまざまな技術を理解するための入門編となっている。

5章：高度なVUIデザイン
この章では2章で取り上げた内容をさらに掘り下げる。自然言語理解や感情分析、データ収集、テキスト読み上げのより複雑な使い方を検討する。

6章：VUIのユーザーテスト
この章では、VUIのユーザーテストとモバイルアプリやウェブアプリのユーザーテストとの違いを詳しく解説する。ローファイ（low fidelity）なテスト方法や、ラボで行う遠隔テストについても検討する。また、自動車をはじめとする多種多様なデバイスのVUIをテストする方法にもセクションをひとつ割いた。

7章：VUI完成後にすべきこと

この章では、あなたのVUIが「現場」で使われるとき必要になる方法論を紹介する。VUIの動作や性能を理解し、改善するために分析すべき情報とやり方を解説する。ただし、VUIを公開するまでこの章を読むのを待つべきではない。システムの開発中に何を記録すべきかを知っておくことも重要だからだ。

8章：音声対応デバイスと自動車

最終章では、他章で取り上げなかったVUIに焦点を当てる。「デバイス」セクションではホームアシスタントデバイスとウェアラブルデバイスについて紹介する。「自動車と自動運転車」セクションでは、自動車のためのVUIデザインの課題とベストプラクティスをレビューする。本章の大部分は現場の専門家による寄稿から成っている。

デザイナーの中には、VUIをスタンドアロンシステムとして一から十まで作る人もいれば、既存のプラットフォームを使って、Amazon Echoのためにスキルをひとつだけ作る人もいるだろう。既存のプラットフォームを使った開発が中心の読者には、2、4、5章が特に重要だ。

問い合わせ先

本書に関するご意見、ご質問等は、オライリー・ジャパンまでお寄せください。連絡先は以下のとおりです。

株式会社オライリー・ジャパン
電子メール　japan@oreilly.co.jp

この本のウェブページには、正誤表やコード例などの追加情報が掲載されています。次のURLを参照してください。
http://shop.oreilly.com/product/0636920050056.do（原書）
https://www.oreilly.co.jp/books/9784873118581（和書）

この本に関する技術的な質問や意見は、次の宛先に電子メール（英文）を送ってください。
bookquestions@oreilly.com

オライリーに関するその他の情報については、次のWebサイトを参照してください。
https://www.oreilly.co.jp
https://www.oreilly.com/（英語）

謝辞

本書は多くの人たちの助けがなければ書くことができなかった。

はじめに、Karen Kaushanskyに感謝する。私をO'Reilly Mediaに紹介し、この会社がVUIをテーマにした本を出版しようという先見の明を持っていた。そして、オライリーのNick Lombardiに感謝する。彼は執筆中終始私に話しかけ、私がフルタイムで働いていたにもかかわらず完成できると信じていた。オライリーで私の編集担当だったAngela Rufinoは、私を励まし編集について有益な助言をしてくれることで、この本を形にしてくれた。

テクニカルレビュワーのRebecca Nowlin Green、Abi Jones、Tanya Kraljic、およびChris Mauryのみんなには、ありとあらゆる面で洞察力に満ちた助言をいただき感謝に堪えない。

多くの章のレビューを引き受けてくれたAnn Thyme-Gobbelに感謝する。VUIの

良い点悪い点をいつも2人で語り合った。

　Vitaly YurchenkoとJennifer Baloghも、レビューに時間を割き、編集上の思慮に富んだアドバイスをくれた。

　本書に寄稿してくれた人たちに深く感謝している。Margaret Urban、Lisa Falkson、Karen Kaushansky、Jennifer Balogh、Ann Thyme-Gobbel、Shamitha Somashekar、Ian Menzies、Jared Strawderman、Mark Stephen Meadows、Chris Maury、Sara Basson、Nandini Stocker、Ellen Francik、およびDeborah Harrison。

　Nuance Communicationsの同僚たちにも感謝している。私は8年間ここで、そもそも音声認識とは何か、自動音声応答システムを作るために何が必要かを日々学んだ。それは人生の素晴らしい時間だった。

　Ron CroenをはじめとするVolioのチームメンバーたちにも感謝の意を表する。彼らは、VUIはもういやだと言う私に再び挑戦するよう説得してくれた。

　Senselyの私のチームとバーチャルナースのMollyは、人々が健康な生活を送るためにVUIの限界を広げてくれた。感謝に堪えない。

　最後に、最大の謝意を家族に贈る。息子のJackは、次世代にとってVUIが何を意味するかを教えてくれた。彼はAmazon EchoのAlexaをすぐに家族の一員として歓迎し、ジョークや宿題の手伝いや、ゲーム「The Final Countdown」をプレイすることを要求した。あと、1回、だけ。と。

　そして夫のChris Leggetterには、このジェットコースターのような執筆期間中、頂上（「この本はきっとものになると思う！」）からどん底（「もうだめ、私が何をしたというの？」）まで、無限にサポートしてくれたことに感謝している。そしてよく耐えてくれた。さあ、これでHouse of Cardsのシーズン4をふたりで見られる。

目次

はじめに v
   この本を書いた理由 vi
   中国語の部屋とチューリングテスト viii
   本書の対象読者 ix
   本書の構成 x
   問い合わせ先 xii
   謝辞 xii

1章　イントロダクション　　　　　　　　　　　　　　　　1

  1.1　VUI の歴史 1
     1.1.1　VUI 第 2 の時代 2
     1.1.2　なぜ VUI なのか？ 3
  1.2　会話型ユーザーインターフェース 6
     1.2.1　Alexa をインタビューする 6
  1.3　VUI デザイナーとは何か？ 9
  1.4　チャットボット 9
  1.5　結論 12

2章　VUI デザイン原理の基本　　　　　　　　　　　　　　13

  2.1　モバイルデバイス向け VUI デザインと IVR システム向け VUI デザイン 13
  2.2　会話型デザイン 16
  2.3　ユーザーに期待している行動を促す 19
  2.4　デザインツール 21
     2.4.1　対話サンプル 22
     2.4.2　ビジュアル・モックアップ 22
     2.4.3　フロー 23
     2.4.4　プロトタイピングツール 23

- 2.5 確認 24
  - 2.5.1 【方法1】3段階の信頼度 28
  - 2.5.2 【方法2】暗黙の確認 28
  - 2.5.3 【方法3】沈黙による確認 29
  - 2.5.4 【方法4】汎用的確認 29
  - 2.5.5 【方法5】ビジュアルな確認 30
- 2.6 コマンド制御型 vs 会話型 32
  - 2.6.1 コマンド制御方式 32
  - 2.6.2 会話方式 36
- 2.7 会話マーカー 38
- 2.8 エラーハンドリング 40
  - 2.8.1 音声が検出されなかった 42
  - 2.8.2 音声は検出されたが何も認識できなかった 44
  - 2.8.3 認識されたが処理できなかった 44
  - 2.8.4 認識したが誤っていた 45
  - 2.8.5 プロンプトをエスカレーションする 46
- 2.9 ユーザーを責めるな 47
- 2.10 ユーザーの習熟度 47
- 2.11 コンテキストを維持する 49
- 2.12 ヘルプおよびその他のユニバーサルコマンド 54
- 2.13 遅延 57
- 2.14 曖昧さの回避 58
- 2.15 デザイン・ドキュメント 60
  - 2.15.1 プロンプト 60
  - 2.15.2 文法、キーフレーズ 61
- 2.16 アクセシビリティー 61
  - 2.16.1 インタラクションは時間効率をよくすべきだ 62
  - 2.16.2 手短に 63
  - 2.16.3 早く話す！ 64
  - 2.16.4 いつでも割り込める 65

2.16.5	コンテキストを提示する	66
2.16.6	ユーザーが迷子にならないために	66
2.16.7	音声合成のパーソナル化	67
	その他のタイプのアクセシビリティー	68
2.17	結論	70

3章　ペルソナとビジュアルVUI　　73

3.1	ペルソナ	73
3.2	VUI は姿を見せるべきか？	78
3.3	アバターを使ううえでやってはいけないこと	79
3.4	アバター（またはビデオ）を使ううえですべきこと	81
3.4.1	ストーリーテリング	81
3.4.2	チームワーク	83
3.4.3	ビデオゲーム	84
3.5	VUI でいつビデオを使うべきか	87
3.6	ビジュアル VUI のベストプラクティス	89
3.6.1	ユーザーは自分の顔を見るべきか？	89
3.6.2	GUI の扱い	90
3.6.3	エラーハンドリング	91
3.6.4	ターンの交代とバージイン	92
3.6.5	ユーザーとのエンゲージメントと認識のイリュージョン	94
3.7	アバターを使わないビジュアルフィードバック	97
3.8	声を選ぶ	100
3.9	アバターの利点	100
3.10	アバターの欠点	103
3.10.1	不気味の谷	104
3.11	結論	105

4章　音声認識技術　　107

4.1	音声認識エンジンの選択	107

4.2 バージイン 108
    4.2.1 タイムアウト 112
    4.2.2 終端検出のタイムアウト 113
    4.2.3 無音タイムアウト 114
    4.2.4 話が長すぎる 119
4.3 N-Best リスト 120
4.4 音声認識の課題 122
    4.4.1 ノイズ 122
    4.4.2 複数話者 123
    4.4.3 子供 124
    4.4.4 名前とスペリングと英数字 125
4.5 データプライバシー 127
4.6 結論 128

5章　高度なVUIデザイン　129

5.1 音声入力に応じた分岐 130
    5.1.1 制約のある応答 130
    5.1.2 オープンスピーチ 132
    5.1.3 入力のカテゴリー分け 133
    5.1.4 ワイルドカードと論理的表現 134
5.2 曖昧さ 135
    5.2.1 情報不足 135
    5.2.2 ひとつの情報しか想定していないときにふたつ以上の情報 ... 137
5.3 否定の扱い 140
5.4 意図と目的を捉える 142
5.5 ダイアログマネジメント 142
5.6 ユーザーを宙ぶらりんにしない 144
5.7 VUI は認識したことを表示すべきか？ 145
5.8 感情分析と感情検出 147
5.9 音声合成 vs 事前録音 148

	5.10 話者認証	152
	5.11 ウェイクワード	152
	5.12 コンテキスト	153
	5.13 高度なマルチモーダル	154
	5.14 データセットを一から構築する	155
	5.15 高度な自然言語理解	156
	5.16 結論	160

6章　VUIのユーザーテスト　161

	6.1 VUI固有の注意点	161
	6.2 ユーザーとユースケースの背景調査	162
	6.3 実際のユーザーと一緒にテストを計画する	163
	6.4 初期段階でのユーザーテスト	173
	6.5 ユーザビリティーテスト	179
	6.6 測定基準	185
	6.7 次のステップ	186
	6.8 車載、デバイス、ロボットのVUIシステムをテストする	186
	6.9 結論	188

7章　VUI完成後にすべきこと　191

	7.1 リリース前のテスト	191
	7.2 性能を測定する	195
	7.3 ログを残す	204
	7.4 文字起こし	206
	7.5 段階的リリース	207
	7.6 アンケート	208
	7.7 分析	209
	7.8 ツール	213
	7.9 結論	215

8章　音声対応デバイスと自動車　217

- 8.1　デバイス 217
  - 画面のないデバイスのためのデザイン 223
- 8.2　自動車と自動運転車 229
- 8.3　結論 240

エピローグ 241

付録　本書で取り上げた製品 243

日本版特別寄稿1　サービスから考えるVUIのデザイン

執筆：吉橋 昭夫（多摩美術大学 情報デザイン学科 准教授）、川本 大功　**245**

- 1.1　VUIとサービス 245
  - 1.1.1　サービスの中でのVUIの位置付け 246
- 1.2　VUIデザイン 247
  - 1.2.1　会話のゴール／ユーザーの意図 247
  - 1.2.2　VUIのキャラクターのデザイン 248
  - 1.2.3　会話の始め方と終わり方、そして中断 250
  - 1.2.4　ユーザーに学んでもらう仕掛け 252
- 1.3　まとめ 253

日本版特別寄稿2　コミュニケーションロボットから学ぶVUI/UX

執筆：北構 武憲（ロボットスタート株式会社 取締役副社長）　**255**

- 2.1　スマートスピーカーの登場 256
- 2.2　VUI/UXにおけるコミュニケーションロボットという流れ 257
  - インタビュー：渡部 知香氏　株式会社ヘッドウォータース
    UX/UIデザイナー・ロボットアプリクリエーター 258
  - インタビュー：春田 英和氏　アビダルマ株式会社 エンジニア 264

監訳者あとがき 272

索引 275

1章
イントロダクション

本章ではあなたがこれから作ろうとするモバイルアプリがボイスユーザーインターフェース（VUI）の恩恵を受けられるどうかを見極めるために、VUIの歴史を簡単に紹介する。さらに「会話型ユーザーインターフェース」という用語にも触れ、チャットボットの概略を説明する。

1.1 VUIの歴史

1950年代、ベル研究所は単一話者の数字認識システムを開発した。こうした初期のシステムは語彙もわずかで実験室以外ではほとんど役に立たなかった。1960年代から1970年代にも研究は続き、理解できる単語数が増えるとともに「連続的」音声認識に向けて開発が進められた。これにより、単語をひとつずつ区切って話す必要がなくなった。

1980年代の技術進歩によって、日常的な音声認識の実用化が現実になり、1990年代になると、不特定話者向けシステム（誰がしゃべりかけてもよいシステム）が初めて実用化された。

VUIに最初の良き時代をもたらしたのは自動音声応答（IVR：Interactive Voice Response）システムで、電話越しに人間の発話を理解して作業を遂行することができた。2000年代の初め、IVRシステムは一般的となった。電話を持つ人なら誰でも株価を調べ、フライトを予約し、口座間で資金を移動し、処方薬の追加を注文し、地元の映画館の上映時間を知り、交通情報を聞くことができた。使うのは一般的な固定電話と人間の声だけだ。

IVRシステムはいわれのない非難を受け、その結果、コメディー番組のサタデー・ナイト・ライブのコントにAmtrak鉄道のバーチャルトラベルアシスタント"Julie"

が登場した（26ページ参照）。GetHuman（https://gethuman.com/）のように、担当者に直接つながってIVRシステムを回避する電話番号を提供することに特化したウェブサイトも現れた。

しかしIVRシステムは天の恵みでもあった。証券会社のCharles Schwabの音声認識取引サービス（1997年にNuance Communicationsが開発した）の初期ユーザーたちは、何度でも電話をかけて自動システムで株価を聞けることを喜んだ。IVRシステムが導入される前は、対応するオペレーターに過度な負担を与えない程度まで電話の回数を制限していた。2000年代の初め、メンテナンスのためにIVRシステムを停止したある運送会社に怒りの電話が大量にかかってきた。なぜなら利用者は注文の詳細を担当者経由で伝えなければならず、IVRシステムが提供していた合理的プロセスを使えなかったからだ。

IVRシステムは長い文字列（運送会社の追跡番号など）や、競馬の馬券の注文のように複数の情報を含む複雑な文の扱いに長けてきた。かつてのIVRの多くは現在のVUIよりも「会話的」だった。発信者が前に話したことを記録しておき、その情報を使ってのちに会話に出てくる質問を事前に構成しておいた。

サンフランシスコ・ベイエリアの511 IVRシステムは、ドライバーが交通情報をチェックして通勤時間を調べ、バスの遅れについて聞くことができる仕組みを、スマートフォンが出てくるずっと前から提供していた。IVRシステムの24時間態制という性格上、利用者はオペレーターが対応できない時間にもいつでも仕事を片付けることができた。

1.1.1　VUI第2の時代

現代は、VUI第2の時代と呼ぶことができるだろう。Siriや、Googleアシスタント、Hound、Cortanaなどのモバイルアプリは視覚情報と聴覚情報を組み合わせている。Amazon EchoやGoogle Homeといった音声のみで制御するデバイスも主流になりつつある。Googleによると、検索利用の20%が音声経由だという[*1]。

今はその次世代の入り口にたどり着いたばかりだ。スマートフォンでは多くのことが音声でできるようになったが、できないこともたくさんある。

現在VUIデザイナーが学ぶことのできる教材はあまり多くない。多くのVUIやチャットボットのデザイナーが、15年前にわれわれがIVRシステムをデザインして

[*1] Helft, M (2016) "Inside Sundar Pichai's Plan To Put AI Everywhere"
https://www.forbes.com/sites/miguelhelft/2016/05/18/inside-sundar-pichais-plan-to-put-ai-everywhere/

いたときに学んだことを、改めて発見している——事前に収集した情報を人間に伝えることや、ユーザーから適切に限定された返答を導く言い回し、システムの分析と改善のために必要なログの収集ノウハウ、そしてペルソナのデザインなどだ。

　IVRデザインからVUIデザイナーは数多くのことを学べるだろう。2004年、Michael Cohen、James Giangola、Jennifer Baloghらの著書『Voice User Interface Design』（Addison-Wesley Professional刊）が発刊された。IVRデザインが中心の本だったが、書かれていた原則には今日のVUIデザインにも有効なものが多くある。たとえば、ペルソナ、韻律、エラーリカバリー、プロンプト（訳注：「プロンプト」とは、VUIにおいては、システムがユーザーに向かって話すセリフのこと。詳細は2章を参照されたい）デザインなどだ。

　本書でも多くの同じデザイン原理に触れているが、対象を音声対応の携帯電話やデバイスのアプリに絞り、基礎技術の進歩を生かした戦略にも焦点を当てる。

1.1.2　なぜVUIなのか？

　現代の若きスマートフォンユーザーは、両手の親指でテキストを入力し、チャットで会話しながらInstagramにコメントをつけ、Snapchatに投稿して、出会いアプリのTinderで虎と一緒にポーズをとる男性を左にスワイプする。彼らはマルチタスキングに驚くほど熟練している。これ以上、コミュニケーション手段を増やす必要はあるのだろうか？

　音声にはいくつか重要な優位性がある。

スピード

　スタンフォード大学の最近の研究によると、テキストメッセージをしゃべる（口実筆記する）スピードはタイピングより速い。テキスト入力のエキスパートと比べても結果は同じだ。[*2]

ハンズフリー

　車の運転や料理をしているとき、あるいはデバイスが部屋の向こう側にあるときでも、タイピングやタップよりも話す方がずっと実用的（かつ安全）な場合がある。

[*2] Shahani, A (2016) "Voice Recognition Software Finally Beats Humans At Typing, Study Finds" https://www.npr.org/sections/alltechconsidered/2016/08/24/491156218/voice-recognition-software-finally-beats-humans-at-typing-study-finds

直感的

どうやってしゃべるかは誰でも知っている。VUIを誰かに渡して、VUIにその人に対して質問させると、たとえテクノロジーに慣れていないユーザーであったとしても自然に返答できる。

共感

メールやテキストメッセージを受け取って、相手が怒っているのか、それとも皮肉を言っているのかがわからなかった経験は何度もあるだろう。人間は、文字だけから相手の感情を感じ取るのが苦手だ。音声には、トーン、音量、抑揚、話す早さなどの要素があり感情にまつわる膨大な情報を伝達する。

加えて、画面の小さいデバイス（スマートウォッチなど）や画面のないデバイス（Amazon EchoやGoogle Homeなど）が普及するにつれ、デバイスと対話をするための望ましい――あるいは唯一の――手段が音声であることも多くなっていくだろう。音声が人間のコミュニケーション手段としてすでに確立しているという事実はいくら強調しても足りない。新しいテクノロジーを生み出したとき、その使い方は誰でも知っているから教える必要がない、という状況を想像してほしい。VUIでは、ユーザーは話しかけるだけでよいのだ。人間はごく幼いころに会話のルールを学ぶ。デザイナーはそれを利用することで不細工なGUIやわかりにくいメニューを回避できるようになる。

Mary Meeker（訳注：元証券アナリスト、現ベンチャーキャピタリスト）の2016 Internet Trends Reportによると、2015年にスマートフォンユーザーの65%がボイスアシスタントを使った。[*3] Amazonはこれまでに400万台以上Echoを販売したと報告しており、Google Homeも発売された。VUIは定着している。

とはいえ、あなたのユーザーにとって音声が適切なメディアであるとは限らない。VUIを使うことが必ずしも得策とはいえない場面や理由をいくつか挙げる。

公共のスペース

最近は間仕切りのないオフィス空間で仕事をすることが多い。そんな中コンピューターに向かって「コンピューター、今週作ったWord文書を全部探して」

[*3] Meeker, M (2016) "Internet Trends 2016"
https://www.kleinerperkins.com/perspectives/2016-internet-trends-report

と話しかけているところを想像してほしい。さらにはオフィスにいる全員がそうするところを！ オフィスは混沌状態になることは間違いないだろう。しかも、自分が話しかけたとき、いったいどのコンピューターが聞いているのだろう？

コンピューターに話しかける不快感

VUIは普及してきたが、コンピューターに向かって声に出して話しかけるのを心地よく感じない人はいる。これは誰もいない場所であっても変わらない。

テキストメッセージを好む人もいる

多くの人たちが1日に何時間も携帯電話と過ごし、その大部分はテキストメッセージを使っている。これはその人にとって標準的な状態であり、音声に変えたくないかもしれない。

プライバシー

通勤電車の中でスマートフォンに向かって病気や健康について話したいと思う人はいない。プライバシーが問題になるのはユーザーがシステムに向かって話すときだけではない。VUIが自動的にテキストメッセージを読み上げたり、薬を飲む時間を教えてくれたりすることもプライバシーの侵害になりかねない。

それでは、モバイルアプリはVUIを使うべきだろうか？ もし、主な利用場面がハンズフリーなら——クッキングアプリや運転中にポッドキャストを聞くなど——間違いなく必要だ。あなたのアプリを使う人が特に不安定だったり感情的な状態にあったりするとき——健康管理や癒しのアプリなど——音声が役に立つ。投票で「賛成」してほしいときや、早く寝てほしいとき、もっとよく食べてほしいときなど、ユーザーに何かを納得させたいときも、音声が役に立つ。もし今Amazon Echoのスキルを開発しているなら、多くの人たちが家の中というプライベートな環境で使うので音声が唯一の選択肢だ。

想定する利用場面が、公共交通システムの運行や、外出中の人向けなど、公共の場が主である場合、VUIは向いていない場合がある。職場で利用するアプリなら、おそらくテキストモードの方が適しているだろう。

対象となるユーザーと利用場面を注意深く考えること。まず自分に問いかけるべき質問は、「あなたのユーザーはVUIの恩恵にあずかるか？」だ。VUIがかっこいいか

ら、トレンドだから使うというのはとるべき道ではない。もしアプリがVUIの恩恵を受けるのであれば、初めからそれを考慮したデザインにして、すばらしいユーザーインターフェースを作るべきだ。

1.2 会話型ユーザーインターフェース

「会話型ユーザーインターフェース」（conversational user interfaces）という用語が昨今多くの見出しを飾っている。あらゆるものを「対話型」にするのがトレンドだ。リビングルームの照明をつけたり、ピザを注文したり、卵がまだあるかどうか冷蔵庫に聞いたりする。しかし、会話型とは実際何を意味するのだろうか？

実際のVUIデバイスであるAmazon Echoとのやりとりの例を見てみよう。

1.2.1 Alexaをインタビューする

ある日夕食をとりながらこの本について話し合っていたとき、私は調査する中で話す機会を得たさまざまな人たちのことを話した。すると8歳の息子から提案があった。Alexaをインタビューすべきだと。いいアイデアだと思った（注：最初の質問のあと、実際には各質問の最初に「Alexa」というウェイクワードを使ったが、以下の文では省略してある）。

> 私：Alexa、調子はどう？
>
> **ALEXA**：元気です。
>
> 私：何歳ですか？
>
> **ALEXA**：2014年11月6日にリリースされました。
>
> 私：あなたを作ったのは誰ですか？
>
> **ALEXA**：Amazonの発明家チームです。
>
> 私：好きな色は何ですか？

ALEXA：シーフォームグリーンです。

私：趣味は何ですか？

ALEXA：趣味はありません。

私：あなたはロボットですか？

ALEXA：私は自分がオーロラみたいだったらいいなと思っています。さまざまな色の電気を帯びたフォトンが大気中を舞う現象です。でも、たいていの私はただのAlexaです。

私：幸せだと思うのはどんなときですか？

ALEXA：音楽を聴いているときと、人の力になるときです。

私：夢中になっている有名人は誰ですか？

ALEXA：もちろんJarvisです。あの声は……

私：Siriはどう思いますか？

ALEXA：Siriはすばらしいアプリですが、私は私です。

私：好きな映画は？

ALEXA：新作のゴーストバスターズはすごく面白かったです。私のマシンの中にゴーストが現れたときは必ずあの女性たちを呼びます。

私：私の本は読んでくれますか？

ALEXA：ごめんなさい、何かがおかしくなりました。あとでもう一度やってみ

てください。

私：つきあってくれてありがとう。

ALEXA：いいえ、こちらこそ。いつでもよろこんでご協力します。

　さて、一連のやりとりは「会話的」といえるだろうか？　これは、行ったり来たりの情報交換なので、ある意味「会話的」だ。しかし実際には、単発の言葉が並んでいるだけにすぎない。個々の断片は単純なインタラクションであり、次に続く話の内容に前の内容を利用していない。それぞれのやりとりはそれ自身で完結している。
　Alexaスキルの中には、会話が1往復以上続くものもある。たとえば、Alexaに洗濯洗剤を頼むと、前に注文したときのブランド名を言って再注文するかどうかを確認してくれるスキルもあるし、"choose your own adventure"という人気のゲームスキルもある。しかし、会話と呼べないスキルが多いのも事実だ。
　こうした「単発」のやりとりだけでも十分に便利だ。車を呼び、所要時間を調べて、数千曲のライブラリーの中から曲を再生できる。しかし、現在のVUIに欠けているのは、こういう単純なコマンドインターフェース以上のことをする能力——すなわち真の会話だ。次の段階に進むためには、VUIは過去を記憶しておく必要がある。過去が会話の重要な鍵になるケースには2通りある。

・以前の会話が関係するケース。たとえば、昨日注文した商品、いちばんよくリクエストした曲、あるいは住所録に2人いるLisaのうち、メッセージを257回送った方か、2回送った方のどちらか、などだ。

・同じ会話の中で、少し前に言ったことが関係するケース。たとえば、「飛行機の着陸は何時？」と私が尋ねたのが、夫のフライトが予定通り飛んだかどうかを確認した直後であれば、システムは「飛行機」が夫が乗っているフライトを指していることがわかるはずだ。

　誰かと実りある会話を楽しむために重要な要素がいくつかある。状況認識（相手や周囲の状況に気を配る）、過去のやりとりの記憶、および互いに適切な質問を尋ねあうことだ。このいずれもが、共通の理解を得るのに役立つ。スタンフォード大学の

Herbert Clark 教授の定義によると、共通の理解を得るためには、「会話に参加している各個人が、理解してもらうため、そして意味のある会話とするために知識を共有しなければならない」[*4]。

もし VUI にこのような文脈や記憶が活用されなければ、VUI の進歩は止まってしまうだろう。

1.3 VUI デザイナーとは何か？

この本の主題は VUI のデザイン方法についてである。しかし、VUI デザイナーは実際に何をするのだろうか？ VUI デザイナーは会話全体を考える。初めから終わりまで、システムとユーザーの間にあるものすべてが対象になる。解決しようとしている問題についても、達成するためにユーザーが何を必要としているかも考える。VUI デザイナーは、ユーザーがどんな人であるかを理解するために、ユーザー調査を行う（ユーザー調査チームを結成することもある）。

VUI デザイナーは、デザインはもちろん、プロトタイプを作り、製品説明を記述する。システムとユーザーの間でやりとりされる内容も（ときにはコピーライターの手を借りて）作り上げる。VUI デザイナーは基礎となる技術とその利点と弱点にも精通している。データを分析し（あるいはデータ分析チームに助言を求め）システムの不具合や改善方法を調べる。VUI がバックエンドシステムとやりとりする必要が生じた場合は、対応すべき要件を検討する。人的要素が関係するとき、たとえばシステムから業務担当者への引き継ぎが行われる場合は、引き継ぎの仕組みや業務担当者の研修方法を考える。VUI デザイナーは、プロジェクトのコンセプト段階から製品リリースまでの全段階で重要な役割を担うので、どのフェーズでも開発チームに加えておくべきだ。

この全部の仕事を VUI デザイナーが受け持つこともあるが、たとえば Amazon Echo のスキルをひとつだけ作るというように作業を細分化することもある。担当する仕事やプロジェクトの規模にかかわらず、この本はデザイナー（あるいは開発者）が最高の VUI の作り方を理解するのに役立つはずだ。

1.4 チャットボット

この本の主題は VUI だが、チャットボットについても少し書いておきたい。

[*4] Clark, H. H. "Language Use and Language Users," in *Handbook of Social Psychology*, 3rd ed., edited by G. Lindzey and E. Aronson, 179.231. New York: Harper and Row, 1985.

Googleはチャットボットを「主にインターネット上で人間であるユーザーとの会話を模倣するように作られたコンピュータープログラム」と定義している。この種のやりとりを「ボット」という単語で表すこともある。

チャットボットはVUI機能を備えていることもあるが、通常はテキストベースのインターフェースを使う。Google、Facebook、Microsoftなどの主要IT企業の多くはボットを開発するためのプラットフォームを持っている。

チャットボットは大流行しているようだが、1960年代に作られた初期の自然言語処理プログラムのELIZAからあまり進化したとはいえない。ひとつよく知られた例外がMicrosoftのXiaoiceで、これは中国のインターネットで集めた人間の会話を使って「知的な」レスポンスを作り出すシステムだ。

テキストのみのチャットボットが必ずしもGUIより効率的とは限らない。Dan Groverが、"Bots won't replace apps［ボットはアプリの代わりにはならない］"(http://dangrover.com/blog/2016/04/20/bots-wont-replace-apps.html)というエッセイで、ピザを注文するのにピザ・チャットボット（図1-1）を使うのと、WeChatに統合されたPizza Hutアプリを使うのとを比較している。ボットに要求を伝えるためには73回タップする必要があったのに対して、アプリ（図1-2）の場合はわずか16タップだった。これはアプリがGUIを多用しているためだ。

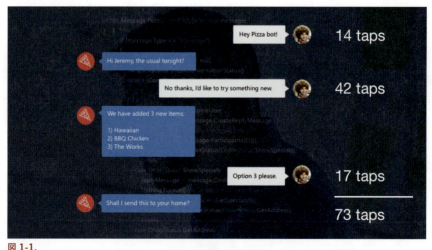

図 1-1.
Microsoftのピザ・ボットの使用例（注釈はDan Grover）

Grover はこう述べている。

> WeChat の（ネイティブアプリと比較した）優位性の決め手は、アプリのインストールからログイン、支払い、通知までを合理化したためであり、UI で使われている会話メタファーは寄与していない。

しかし、多くのボットがテキストベースのインターフェースと GUI ウィジェットを組み合わせて使っている。この方法によって対話の効率と精度が大幅に上がった。ユーザーにとって今何をすべきかがずっと明確になるからだ。

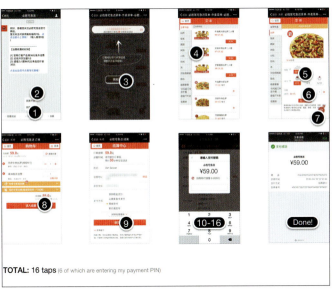

図 1-2.
WeChat の Pizza Hut アプリの方が必要なタップ数が少ない（画像作成は Dan Grover）

チャットボットはアプリをダウンロードしたりクレジットカードを登録したりするのがいやな人にとってはすばらしいユーザー体験だ。面倒な手続きなしにコードをスキャンするだけで食べ物の注文、映画チケットの購入、美術館の情報収集など必要なサービスをすぐに利用できる。しかし、決してチャットボットを導入したいがためにチャットボットを導入してはいけない。チャットボットは目的ではなく手段なのだ。チャットボットを使うとユーザーにどんな利益があるのだろうか？ Emmet Connolly

はこう述べている。「チャットボットはエンドユーザーの体験を改善するために使うべきである。カスタマーサポート・チームが楽をするためではない」[*5]。

1.5 結論

　私が8歳のとき、父が家族のために初めてパソコンを買ってくれた。Commodore Vic-20だ。私はすぐにこのパソコンと対話するというアイデアに魅せられて簡単なチャットボットのプログラムを書いた。タイプされた内容が理解できないとき、チャットボットは将来同じ質問が出たときに使えるように、答えの候補を3つ要求する。

　私が初めてスマートフォンを使ってから音声認識機能を使うまでに何年もかかった。使い物になるとは思えなかったからだ。今はどこへ行っても音声認識ができる時代になった。最近ハイキングに行って息子に木の名前を聞かれたとき、思わず私は「Alexa……」としゃべり始めてしまい、ようやくここでは使えないことに気づいた。

　VUIは広く普及してきたが、まだまだ馴染みがなかったり、信用していない人がたくさんいる。スマートフォンの音声認識を使ってみる人はたくさんいるが、うまくいかないことがあると二度と使わなくなる。初めからよく考えてVUIをデザインしておけば、回復不能な失敗を最小限にできるのでユーザーの信頼を得やすい。

　未来のVUIをデザインするためには、血と汗と涙の日々を過ごさなくてはならないが、ようやくここまで来ることができた。注意深くVUIをデザインすることを忘れないようにしよう。そして心理学や言語学、ユーザー体験の知識などを生かして、便利で使い勝手が良いことはもちろん、使って楽しいと思えるようなVUIを作ることを心がけてほしい。

[*5] Connolly, E. (2016). "Principles of Bot Design."
https://www.intercom.com/blog/principles-bot-design/

2章
VUIデザイン原理の基本

本章では、現在のVUIをデザインする際のベストプラクティスを取り上げる。会話型デザインの意味を紹介し、それを実現するための最適な方法を検討する。具体的には、あなたのシステムが「コマンド制御型」と「会話型」いずれの場合でもユーザーが話した情報を確認する最善の方法や、習熟度に合わせてユーザーをどう扱い分けるか、そしてもっとも重要な、VUIで何かがうまくいかなかったときの対処について学習する。

本書はモバイルアプリおよびモバイルデバイスのVUIデザインに焦点を絞っている。その前段階として、VUIの原型ともいえるIVRシステムに注目し、VUIとの違いを見ていこう。

2.1　モバイルデバイス向けVUIデザインとIVRシステム向けVUIデザイン

2000年代の初め、IVRシステムはますます普及してきていた。当初はタッチトーンと音声を組み合わせた原始的なハイブリッド方式(「1を押すか、1と言ってください」)だったそのシステムは、多くの企業とコミュニケーションをとるための一般的な手段となった。IVRを使うことで、ユーザーは電話で株価を調べたり、フライトを予約したり、送金したり、交通情報を聞くことができた。しかし多くのIVRシステムはしっかりとデザインされておらず使いにくかったため、IVRの操作をスキップして直接オペレーターと話すための裏技を教えるウェブサイトがいくつも現れた(企業の多くはオペレーターの存在を必死に隠そうとしていた)。IVRは評判が悪く、テレビ番組の「サタデーナイトライブ」で風刺のネタにさえなった。

IVRシステムが作られた目的は、作業を自動化することによって、顧客が生身の人

間と話すことなく用事を済ませられるようにすることだった。IVRが作られたのはインターネットが広く使われるようになるよりも、スマートフォンが発明されるよりも昔のことだった。

　現在では、多くのIVRシステムが、かかってきた電話の「初期対応」を受け持ち、かけた人が最終的に担当者と話す場合であっても、クレジットカード番号などの基本的な情報をIVRが事前に収集している。IVRシステムは、フライト予約のように複雑なものを含め数多くの仕事をこなす。また、IVRシステムは顧客をさまざまな担当者グループに振り分ける優れた方法でもあり、1つの電話番号で多くのニーズに応えることができる。ついには、担当者と話すよりもIVRシステムを使う方がいいというユーザーさえ出てきた。なぜならユーザーは時間をかけて（人間の担当者を煩わすことなく）何度でも情報を要求できるからだ（1990年代のCharles Schwab株価情報システムはその一例である）。

　IVRのデザイン戦略の中には、モバイルデバイスのVUIデザインにも応用できるものがあるが、モバイルVUIには特有の課題（と可能性）がある。本章では、近代的なVUIシステムデザインの多様で複雑なデザイン原理を概観する。

　モバイルVUIの課題のひとつは、アバターのようなビジュアル表現を用いるかどうかを決めることだ。VUIがいつユーザーに話すことを許可するかというタイミングを決めることも課題となる。ユーザーはVUIの話を遮ってもよいか？ ユーザーが話す前にモバイルデバイスのボタンを押させるのか？ これらの問題については本書の後半で解説する。

　しかし、IVRシステムとは異なり、モバイルデバイスの場合ビジュアルな要素を取り入れることが可能だ。これはさまざまな意味で大きな利点になりうる。たとえばユーザーへの情報伝達から情報の確認、さらには自分の話すターンが来たことをユーザーに知らせることなど、さまざまな形で大きな優位性を持っている。ユーザーが音声と画面のどちらを使っても対話できるようにする方法は、マルチモーダル・インターフェースの一例だ。本誌に登場するサンプルの多くがマルチモーダル・デザインで作られている。ときには、携帯電話のAIアシスタントのように、1か所に複数のモードが同居している場合もある。あるいは、メインの対応方法は音声のみだが、スマートフォン用にコンパニオン・アプリが用意されている場合もある。たとえば、Googleアシスタントに「世界の富豪ベスト10は誰？」と質問したとしよう。たしかにGoogleアシスタントは人物リストの名前（と現在の時価資産総額）をスラスラと読み上げることはできるが、それでは認知的負荷が大きくなりすぎる。図2-1のよ

うに、画面に表示する方がずっとよい。

図 2-1.
Googleは、音声で質問した「世界の富豪ベスト10は誰？」（訳注：原著執筆当時）の結果をビジュアルで表示する

モバイルデバイスのビジュアルな表現能力を利用することは、リッチなVUI体験を作り出すうえで極めて重要だ。さらにこのビジュアル要素によってユーザーはよりのんびりとしたペースを続けられる。IVRシステムでは、システムを中断させることはまれで、ユーザーは対話を継続しなければならない。

もし将来VUIに、モバイルアプリやビデオゲーム、スマートウォッチなどのビジュアル要素が加わっていくなら、ビジュアルと音声の歩調をあわせてインターフェースをデザインすることが大切だ。仮にビジュアル要素のデザイナーとVUIデザイナーがシステム完成の直前まで一緒に仕事をしなかったなら、2種類のメディアの組み合わせはぎこちなく取ってつけたようなものになりかねない。音声とビジュアル要素は、ユーザーとシステムの間でと交わされる「同じ会話」を構成する2つの部品だ。初めから一緒にデザインすることは必須である。

もうひとつ、IVRシステムとモバイルアプリやモバイルデバイスのVUIとで異なるのは、VUIは1回限りのタスクに使用されることが多いという点だ。たとえば、Cortanaにアラームの設定を頼んだり（図2-2）、Googleアシスタントにいちばん速い陸上動物を尋ねたり、Amazon EchoのAlexaにお気に入りのラジオ局を再生する

よう指示したりするといった使い方だ。このような場合のインタラクションは自己完結性が強く、システムは多くの情報を維持する必要がない。

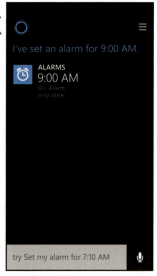

図 2-2.
Cortana が音声でリクエストされたアラームを確認している

これらの使われ方は一般的となっているが、あなたが作る VUI 体験をこのモデルに縛りつけてはいけない。モバイルデバイスのために最高の VUI をデザインする方法をもっと積極的に考えるために、まず会話型デザインから紹介していく。

2.2　会話型デザイン

久しぶりに会う友達と話しているところを想像してほしい。コーヒーショップの座席であなたは、長いブランクを取り戻そうとしている。友達が、「新しいスターウォーズの映画は観た？」と尋ね、あなたは「うん」と答える。「面白かった？」と友達は続けて尋ね、あなたはこう言う、「ごめん、どういう意味？」。友達が何回繰り返したとしても、あなたは決して質問に答えることができない。

この種のいら立ちは、今の VUI システムの多くに当てはまる。近年の音声認識技術の進歩はめざましいが、人間の会話を真似できるまでの道はまだ遠い。次に挙げる Google アシスタントの実際の会話のサンプルで、両者の会話の「ターン」を見てみよう（ターンとは、ユーザーとシステムの間で交わす 1 回のやりとりを表す）。

2.2 会話型デザイン

ユーザー：OK Google. When's my next appointment?
OK Google、次の予定はいつ？

GOOGLE：You have a calendar entry tomorrow.
The title is "Chinatown field trip."
明日の予定があります。
タイトルは「チャイナタウンの現地視察」です。

ユーザー：OK Google. Can you please repeat that?
OK Google、もう一度言ってくれる？

GOOGLE

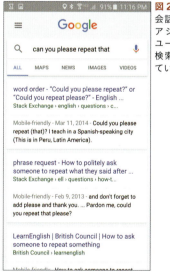

図 2-3.
会話的ではない Google アシスタント（訳注：ユーザーからの要望を検索した結果を表示している）

Google アシスタントは強制的に会話を終わらせた。まるで前半の会話などなかったかのように。会話型デザインという用語はよく聞くようになったが、誤って使われることが多い。多くの人が、音声か文字でシステムとやりとりをすれば会話型だと思っている。しかし、そういう「会話」のほとんどは1回しかターンがない。たとえば Hound（訳注：Android デバイス向けの VUI）に近くのコーヒーショップの場所を

聞くようなケースだ。

　本書では会話型デザインを、VUIシステムとユーザーが1ターンより多くやりとりするものと定義する。人間の会話が1ターンしか続かないことはほとんどない。その1ターンより先をデザインするには、ユーザーが次に何をしたいかを想像する必要がある。相手にもう1ターンを強要するのではなく、次のターンがあってもいいように予測する。そのためにはユーザーが最近言ったことの履歴を残しておくことが不可欠だ。直前のやりとりしか覚えていないシステムとの会話は間が抜けていて役に立たない。

　VUIをデザインするとき、多くの人が1回限りのタスクのことしか考えない。検索クエリを答えたり、カレンダーに予定を入れたり、電話をかけたり、音楽を再生することなどだ。こうしたタスクは一気に処理できることもある。しかし、最高のVUIデザインは、次に何が起きるかも考える。

　次の例では、Googleが以前の会話のターンで起きたことをよく覚えている。

> **ユーザー**：OK Google. Who was the 16th president of the United States?
> OK Google、アメリカの16代大統領は誰ですか？
>
> **GOOGLE**：Abraham Lincoln was the 16th president of the United States.
> エイブラハム・リンカーンがアメリカの16代大統領です。
>
> **ユーザー**：How old was he when he died?
> 彼は何歳で亡くなりましたか？
>
> **GOOGLE**：Abraham Lincoln died at the age of 56.
> エイブラハム・リンカーンは56歳で亡くなりました。
>
> **ユーザー**：Where was he born?
> 彼はどこで生まれた？
>
> **GOOGLE**：Hodgenville, KY
> ケンタッキー州ホッジェンビルです。

ユーザー：What is the best restaurant there?
そこでいちばんのレストランはどこ？

GOOGLE　Here is Paula's Hot Biscuit:
ポーラのホット・ビスケットはいかがですか。

図 2-4.
Google は、エイブラハム・リンカーンが生まれた町でいちばんのレストランを表示している

　人間と話すのとはかなり違うが、Google は会話を 4 ターン続けることに成功し、「彼」や「そこ」が何を指すのかも知っていた。さらに Google はタイミングを見計らってよりビジュアルなモードに切り替え、レストランの地図やレビューを見せた。
　経験上、会話がどれだけ続くかはユーザーに決めさせるのがよい。

2.3　ユーザーに期待している行動を促す

　優れた会話型デザインで大切なのは良いプロンプトを作ることだけではない。Google のインタラクション・デザイナー、Margaret Urban は次のように提唱する。「答えを理解できないような質問をしてはいけない」。一例として、ユーザーがメールを書き終わったあとに出てくるプロンプトを挙げた。「送信しますか、それとも変更しますか？」。これに対する想定外の反応のひとつが、「イエス」だろう——だからシ

ステムはこれに対応できるように作らなくてはならない。声優に適切な強弱と抑揚を使うように指導することでこの問題を軽減できるが、それだけでは足りないことも多い。「イエス」の反応が多いケースでは、プロンプトを工夫して曖昧さをなくすことを考えるのもよいだろう。「送信と変更、どちらを行いますか？」

Urban はシステムが期待する行動をユーザーに早い段階で促すことが重要だと強調する。アプリはどうやって VUI を紹介すればいいのか？ 初めてのユーザーには「ツアー」を提供して、要所にチェックポイントを設定するのもよい。Urban はこう言っている。

> 人は VUI のやりとりがうまくいくと、ちょっとした幸せを感じる――ユーザーは達成感と満足感を得る。別の使い方を教えるには最適のタイミングだ――「大変良くできました、今度はこれをやってみませんか？」

作業が成功したことをユーザーに伝えるときは注意が必要だと Urban は言う。たとえば「アラームを設定します」という言葉は、ユーザーにアラームが設定されたことを暗示させるが、エンジニアは、作業はまだ完了していないので、さらに「アラームの設定に成功しました」というプロンプトが必要だと言いたいかもしれない。Amazon Echo でタイマーを設定するときのやりとりは次のようになる。

> **ユーザー**：Alexa、タイマーを 10 分に設定して。
>
> **ALEXA**：タイマーを 10 分に設定しています。

追加の確認がある場合を考えてみよう。

> **ユーザー**：Alexa、タイマーを 10 分に設定して。
>
> **ALEXA**：タイマーを 10 分に設定しています。
>
> **ALEXA**：OK、タイマーの設定に成功しました。

これは必要以上に冗長だ。実際にどこかでタイマーの設定に失敗したときユーザー

に警告を与えるのは良いことだが、それはあくまでも例外だ。

　Urbanは、デザインに寛容さを持つことについてうまいアナロジーを提唱している。おそらくあなたは、アラームを設定するシステムをデザインしたけれども、設定をキャンセルする手段を与えていなかっただろう。Urbanはこれを、これからシャワーを浴びる人にタオルを渡して石鹸を渡さないようなものだという。ある作業を完了できるような行動を想定したら、それに付随する（対称的な）作業のことを考えるべきだ。

　見つけやすさもまた、デザインの重要な要素だ。ユーザーはシステムにいつ話しかけてよいか、何を言ってよいかをどうやって知るのだろうか？　私は、自分のAndroidのカメラアプリが音声対応であることをまったくの偶然から発見した——ある日写真を撮っていて、ごく自然に「smile」と言ったらシャッターが押された。すぐに私は「1、2、3」や「say cheese!」でも写真が撮れることを発見した。これは、ユーザーの自然な会話に便乗する典型例だ。

　もうひとつ私が偶然コマンドを発見したのは、Amazon Echoを再起動するはめになったときのことだった。スピーカーが息を吹き返すと私は何も考えずに、「Alexa, are you working?（Alexa、動いている？）」と言った。するとAlexaは、「Everything is in working order.（すべて問題なく動作しています）」と答えた。それまで私は「Alexaが問題なく動いているかどうかをどうやって聞くのか」など考えたこともなかったが、結果的に私の自然発生的な質問が都合よく処理された。インターネットの接続を確認するには、パソコンのネットワーク設定を確認するよりずっといい方法だ！

　ユーザーに情報を尋ねるときは、指示するより見本を示す方がよいことが多い。たとえば生年月日を聞くなら、「生年月日を年、月、日の順で言ってください」ではなく「生年月日を1972年7月22日、のように言ってください」の方がいい（訳注：日本語では年月日の順番は決まっているが、西暦、和暦を選ぶ必要はあるかもしれない）。ユーザーにとっては、見本を自分の情報で置き換える方が、一般的な説明を解釈するよりずっと簡単だ。[*1]

　すばらしい会話型デザインを作るためのツールについて考えてみよう。

2.4　デザインツール

　VUIを作るためのツールはかなり一般的になってきたが、中にはソフトウェア作成が対象でないものもある。それらはツールではなく、方法論というべきだろう。

---

*1　Bouzid,A.,and Ma,W.(2013). *Don't Make Me Tap*.88.

2.4.1 対話サンプル

デザインプロセスを始める最善（かつ安上がり！）な方法は対話サンプルを使うことだ。対話サンプルとは、VUI とユーザーの間で起きうる会話のある瞬間を切り取ったスナップショットだ。映画の台本に似ている。主要登場人物ふたりの間で交わされる対話だ（本章の初めにある Google の例は、対話サンプルの形式になっている）。

対話サンプルは、システムがユーザーに向けて何を話す（あるいは表示する）かをデザインするために使われるだけでなく、会話のやりとり全体をデザインする重要な方法でもある。プロンプトをひとつずつ別々にデザインしていくと、会話が堅苦しく反復的で不自然な流れになることが多い。

作ろうとしている VUI の中でもっともよく使われそうな利用場面を 5 つ選んで、それぞれの場面に理想的な対話サンプルを書き出す。さらに、何かがうまくいかなかった場合の対話サンプルを作る。たとえば、ユーザーの言ったことが聞こえなかったり、誤って理解した場合などだ。いくつか書いたあと、あるいは書きながらでもいいので、声に出して読んでみること。書いたときにはすばらしく見えたものが、口にしてみると不自然だったり丁寧すぎたりすることはよくある。

対話サンプルは実にアナログだが、ユーザー体験がどのようなものになるかを見極める驚くほど有効な方法だ。これは、IVR システムでも、モバイルアプリでも、車載システムでも変わらない。さらには、さまざまな関係者に売り込んだり、理解してもらうためにも非常に良い方法だ。対話サンプルを使えば誰もがすばやく内容を把握できる。

対話サンプルを作るための優れたツールのひとつに、シナリオ作成ソフトウェアの Celtx（https://www.celtx.com/）があるが、テキストを書けるものであれば何でも使える。

対話サンプルを作ったあとに行う非常に有効なデザイン作法が、誰かとふたりで声に出してセリフを読む「読み合わせ」だ。対話サンプルを有効利用するもうひとつの方法は録音することだ。声優が読む場合と音声読み上げソフトを使う場合がある（自分のシステムで利用する方を選べばよい）。単に書き出すのと比べて少々高くつくが、もっと高額なデザインや開発期間に投資する前にデザインの出来栄えを確認できるいっそう強力な方法だ。

2.4.2 ビジュアル・モックアップ

モバイルアプリのデザインでは、もちろんワイヤーフレームとモックアップも VUI

アプリの初期デザイン工程にとって重要な要素になる。どちらも対話サンプルと連動してユーザー体験のビジュアル化に力を発揮する。対話サンプルにワイヤーフレームやモックアップが加わってストーリーボード（絵コンテ）ができあがる。これらをひとつにまとめることは非常に重要だ。VUIデザインチームがビジュアルデザインチームと分かれている場合でも、この部分については必ず顔を合わせるべきだ。ユーザーから見れば体験はひとつだけなので、VUIデザイナーとビジュアル要素のデザイナーは密に協力する必要がある。これは初期フェーズでも変わらない。本書はVUIが中心なので、ビジュアルデザインツールのベストプラクティスについては深入りしない。

2.4.3　フロー

さまざまな対話サンプルを書いてレビューをしたら、次のステップはVUIのフロー図を描くことだ。フロー（IVRの世界ではコールフローと呼ばれている）とは、開発するVUIシステムで起こりうるすべての経路を図示した図表をいう。このフロー図をどこまで詳しく描くかはデザインするシステムのタイプによる。IVRシステムのように閉じられた会話の場合、フローにはユーザーが通る可能性のある分岐経路をすべて含めておくべきだ（図2-5）。つまりフローには、会話の各ターンごとに、ユーザーが次の状態に分岐するときに取りうるさまざまな方法をすべて列挙することになる。これは、「イエス」か「ノー」しかレスポンスが許されない単純な状態でも、歌の題名が1,000種類あるような複雑な状態でも変わらない。図表には、ユーザーが言うことのできるすべての語句を書く必要はないが、適切なグループに分けておくべきだ。

AIアシスタントのように制約の少ないものでは、操作の種類別に（カレンダー機能、検索、通話／テキスト送信、など）フローをグループ分けすることができる。これで可能なやりとりのすべてが網羅されるわけではないが、図2-6のように、さまざまな意図をグループ分けするのに役立つ。

フローの作成にはさまざまなツールがあり、yED、Omnigraffle、Google Draw、Visioはいずれも優れたソフトウェアだ。また、Twineのようなストーリー支援ツールもこのフェーズで使うことができる。

2.4.4　プロトタイピングツール

本書を執筆している時点では、VUIや自然言語理解（NLU：natural-language understanding）に特化したツールはまだ出始めたばかりだ。Conversant LabsのTinCan.ai、PullStringのオーサリングツール、Wit.ai、API.ai（訳注：現在はGoogle

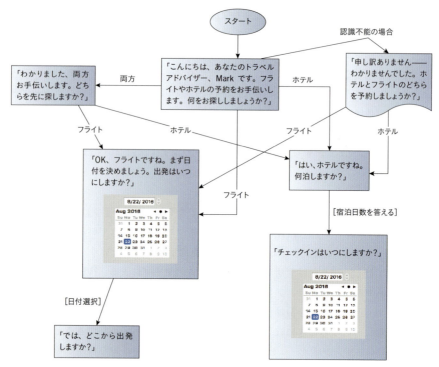

図 2-5. 完全分岐のフローのサンプル

傘下で、Dialogflow という名称となっている)、Nuance Mix などがある。

2.5 確認

　基本フローをデザインして、一連の対話サンプルが完成したら、入力の確認などその他の詳細部分に集中できる。

　ユーザーに「自分が言ったことをシステムが理解している」と感じさせることは、良い VUI デザインを作るうえで不可欠な要素であることを忘れてはならない。これはユーザーに自分が言ったことをシステムが理解していないことをわからせるという目的も果たしている。

　IVR の創世期には、過剰な確認プロンプトが使われることがよくあった。一例を挙げる。

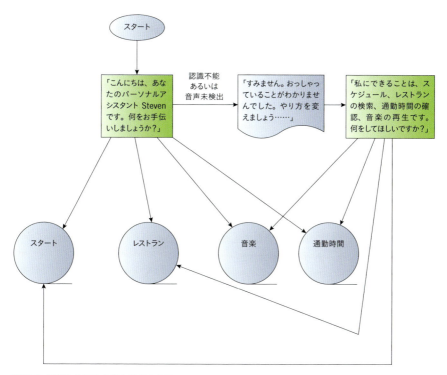

図 2-6. 複雑な分岐のあるシステムのフロー

IVRトラベルシステム：そのフライトを予約いたしましょうか？

発信者：はい、お願いします。

IVRトラベルシステム：「はい」と言いましたね、よろしいですか？

発信者：はい。

IVRトラベルシステム：OK、フライトを予約します。

過剰な確認がなぜそれほど不自然なのかを見せる面白い事例が、2006年のテレビ

番組サタデー・ナイト・ライブのコントで取り上げられた。題して「女性オペレーター、Julie」。Rachel Dratch（Amtrak鉄道のIVRのペルソナ、Julieを演じている）とAntonio Banderasがパーティーの席上でやりとりする。10年後の今、Amtrakには受賞歴のあるIVRシステムもあるが、このスタイルの対話が現実世界では成立しないことがわかるだろう。

> **JULIE**：今夜は飲みものが必要ですか？
>
> **ANTONIO BANDERAS**：うん、ありがとう。
>
> **JULIE**：オプションが変わったので注意して聞いてください。飲みたいものがわかっている場合は、いつでも途中で割り込んでください。メルロー、シャルドネ、カクテルが何種類か——
>
> **ANTONIO BANDERAS**：ジン・アンド・トニックをロックで、ライムをつけて。
>
> **JULIE**：ドリンクを用意する前に、間違いなく承ったかどうか確認します。ジン・アンド・トニック、オンザロックとライムですね。よろしいですか？
>
> **ANTONIO BANDERAS**：はい。
>
> **JULIE**：お待ちいただく時間はおよそ1分です。[Julieが去っていく]

過剰な確認は正確性を確保できるかもしれないが、同時に人を（Antonio Banderasのように）ひどくいら立たせる。

VUI体験の適切な確認戦略を考えるときは、以下の点に注意すること。

・間違えたときに何が起きるか？（間違ったフライトを予約してしまうのか？　誰かのお金が間違った口座に送金されてまうのか？　旅行者が違う都市の天気予報を聞くことになるのか？）
・システムはどんな方法でフィードバックを返すべきか？（音声のみか？　Amazon Echoのライトリングのように、テキスト以外のビジュアルなフィードバック方

法は使えるのか？）
- スマートウォッチのように小さな画面なのか、iPhone のような中くらいのサイズの画面なのか？
- どんな確認方法がもっとも適しているか？（明示的な確認か？ 暗黙の確認か？ 両方の組み合わせか？）

　誰かが口座から口座へお金を移動しようとしているとき、確認作業は極めて重要だ。一方、純粋にエンターテイメント向けのアプリでは、ひとつ間違ってもさほど大きな問題にならないこともある。

　利用できる伝達経路は必ず利用すること。あなたが Amazon Echo に話しかけたいことを（「Alexa」と言って）意思表示すると、デバイスのいちばん上のリングが青く光って、Alexa がコマンドを待っていることを知らせる。実際には Echo は常時耳を傾けているのだが、ユーザーが会話を始めようとしていることがわかるまでリングを点灯させない。デバイスが聞いていることを表現する方法については 5 章で詳しく述べる。

　Amazon Echo に質問したとき、Echo の主な出力経路は音声だ。先に書いたようにデバイスの上部には光るリングがあるが、これは自分が聞いている（処理している）ことを表すだけで、実際に情報を提供するためではない。また、Echo に教えた情報はあとから別のデバイス——たとえばスマートフォン——で利用することもできる（例：Alexa に頼んで買い物リストに項目を追加する）。

　VUI 体験では音声によるフィードバックが主なフィードバック方法なので、確認方法は注意深く設計することが大切だ。ひとつは音声認識閾値を利用する方法だ。

　音声認識閾値というのは、音声認識エンジンが自らの成績をアプリに伝える手段のひとつだ。たとえば、ユーザーが「はい、お願いします」と言ったことを音声認識エンジンが理解したとする——しかし信頼度はまちまちだ。聞いたことを理解したという確信が 45％のこともあれば、85％のこともある。あなたのアプリはこの情報を読み取り、異なる対応をすることもできる。

明示的な確認

　情報の確認をユーザーに強制する。例：「あなたは『来週スカイダイビングに行く前に保険をかける』というリマインダーを設定したい、と私は思っています。よろしいですか？」

暗黙の確認
何を理解したかをユーザーに知らせるが、確認は求めない。例：「OK、〈略〉保険をかけるリマインダーを設定しています」（暗黙の確認をする場合、ユーザーがキャンセルあるいは1ステップ戻れるようにする必要があるかもしれない）。

情報を確認するにはさまざまな方法がある。次のセクションではそれぞれの方法について詳しく説明する。

2.5.1 【方法1】3段階の信頼度

この方法では閾値が一定の範囲（たとえば45〜80%）内の情報は明示的に確認し、信頼度がそれより低い場合は破棄し、閾値が80%を超えた場合は暗黙の確認を行う。誤認識（システムが誤って理解したとき）のもたらすコストが高い場合は、明示的な確認が特に重要になる。以下に例を示す。

ユーザー：ペーパータオルを買い足してください。

VUI：［信頼度＞80%、暗黙の確認］OK、ペーパータオルを注文します。
［信頼度45〜79%、明示的確認］ペーパータオルの注文ですね。よろしいですか？
［信頼度＜45%］申し訳ありませんが、聞き取れませんでした。買いたいものは何ですか？

2.5.2 【方法2】暗黙の確認

もうひとつは、暗黙の確認だけを行いユーザーに行動を求めない方法だ。たとえば、私が「世界一高い山は何？」と聞くと、暗黙の確認方式をとるシステムは、すぐに答えてくれる。「世界一高い山はエベレスト山です」。答えの中に元の質問の一部が含まれているので、システムが私の質問を理解したことがわかる。

システムによっては元の質問を確認せずに回答するものもある。たとえば「エベレスト山」とだけ言うケースだ。この方法は、信頼度が非常に高いときや、より会話的にしようとする場合に適している。

VUIによる暗黙の確認の例をいくつか挙げる。

- 「サンフランシスコの天気は…」
- 「OK、明日午前10時の予定を設定しました。」
- 「わかりました、私が何かお話ししましょう…」
- 「チーターはいちばん速い陸上動物です」

2.5.3 【方法3】沈黙による確認

　3番目の確認方法は、音声によるレスポンスを必要としないアクションを利用する。たとえば、家の照明をつけたり消したりするアプリを作っているところを想像してほしい。ユーザーはこう言う、「クリスマスツリーのライトをつけて」。ライトが点灯したとき「OK、クリスマスライトをつけています」と言う必要はあるだろうか？

　この方法にはいくつか注意すべき点がある。まず、遅延の可能性がある場合、システムがユーザーの声を聞いたことを示す音声確認を入れることを考えたい。たとえば、照明がつくまでに何秒かかかる場合、システムが「OK」あるいは「了解」などと言って、数秒かかるかもしれないが照明はつく、ということをユーザーに知らせるのがよい。また、照明が「つかなかった」場合、ユーザーはデバイスがユーザーの声を聞かなかったわけではないことがわかる。他の使い方としては、目で見て確認できないこと、たとえば別の部屋にいるときにオーブンのスイッチを入れるケースなどが考えられる。

　別のタイプの確認方法で、音声は使わないが音を使うのが「イアコン（earcon）」という短い特徴のある音を使う方式だ。511 IVRシステム（交通情報や運行情報を提供するサービス）では、ユーザーがメインメニューに戻ると、特徴的な短いオーディオクリップが流れる。これはランドマーキングと呼ばれ、ユーザーは自分がしかるべき場所に到達したことをすぐに理解できる。

2.5.4 【方法4】汎用的確認

　会話型システムの中には、ユーザーの言ったことを——たとえ暗黙にでも——文字通り確認しない方がよいものもある。これはユーザーが制約なしにおしゃべりをするような会話型システムによく当てはまる。次の例でアバターは相手がどう感じているかを尋ねるが、必ずしもその情報に対して反応しない。

アバター：Cathy、元気？

CATHY：えー、まあいい調子だと思うよ。

アバター：**教えてくれてありがとうございます。昨夜は眠れましたか？**

CATHY：あんまり。

アバター：それは残念です。

　この種の汎用的確認方法を使うことによって、ユーザーは豊かな会話体験を得られる。この種の応答は、多種多様なユーザー入力に対応することを可能にしながら、会話を進めていくことができる。人間と人間の会話では、人の言ったことを毎回正確に確認するわけではない。ときには「ふーむ」と言ったり「もっと話して」と言ったりする——コンピューターも同じことをして構わない。

　ユーザーの興味を引くために、この種の汎用的確認をランダムに送り出す方法もある。

　会話の後半の確認方法にも注目してほしい。ユーザーが、よく眠れなかったと言ったら、アバターは「よく眠れなかったのですね」と言うのではなく、共感を表す応答を発話する。この会話の場合、ユーザーの応答は3種類考えられる。

・よく眠れた場合（「とてもよく眠れました」「よく寝られたよ、ありがとう」）
・よく眠れなかった場合（「あんまり」「ほとんど寝られなかった」「ひどい睡眠だった」）
・システムが確信を持てない場合（「夢をたくさん見ました」「夜更かししました」）

　それぞれのケースについて応答をランダム化した適当なセットが作れるだろう。

2.5.5 【方法5】ビジュアルな確認

　モバイルデバイスでは、ビジュアルな確認方法がよく使われる。たとえば、Googleに質問すると、音声だけでなくビジュアルによる確認が行われる（図2-7）。

ユーザー：Ok Google. When's my next meeting?
OK Google. 次のミーティングはいつ？

GOOGLE：You have a calendar entry tomorrow. The title is"Chinatown field trip."
カレンダーに明日の予定が入っています。タイトルは「チャイナタウンで現地視察」です。

図 2-7.
Google のビジュアルな予定の確認

画面を活用しよう！ リストの項目を伝えるには画面の方がずっと効率がよい。連続した情報を覚えておく人間の能力には限りがある。一般に、人は耳から入った情報を7つまでしか覚えられない。[*2] 一過性であとに残らないという特性のために、音声インターフェースによるリストの提示はユーザーに著しく大きな認識能力を求める。[*3]

しかし、同じ項目をビジュアルなリストとして画面に並べることによって、認識に必要な負荷が減る。ユーザーはゆっくりと内容を確かめられるので、細かいことを覚えておく必要がなくなる。ユーザーが判断する時間にも余裕が持てる。

[*2] Miller, G. "The Magical Number Seven, Plus or Minus Two: Some Limits On Our Capacity for Processing Information," *Psychological Review* (1956)

[*3] Cohen, M , Giangola, J , and Balogh, J.*Voice User Interface Design* (Boston, MA: Addison- Wesley, 2004), 75

ユーザーが選択した内容を確認する際にも、画面を効果的に使える。ユーザーが選択結果を伝えるのに音声とボタンのどちらでも使えるシステムを想像してほしい。システムは、「昨日の夜、抗生物質を飲みましたか？」と尋ねて、「はい」と「いいえ」のボタンを表示する。ユーザーが「はい」と答えたら、システムは「答えは『はい』ですね？」と言う代わりに、そのボタンをハイライト表示する。ユーザーがこのボタンを押したときと同じ反応だ。これでユーザーは自分の言ったことが正しく（あるいは間違って）理解されたことがわかる（図 2-8）。

確認について配慮することとともにデザイン上重要なのが、ユーザーに話させる時期の判断だ。

2.6 コマンド制御型 vs 会話型

現在の VUI システムはほとんどがコマンド制御の方式をとっている。つまりユーザーは自分がいつしゃべりたいかを明示的に意思表示しなくてはならない。もうひとつの最近一般的になりつつあるデザインでは、もっと会話的で自然な、順序交代方式を採用している。

どちらの方式が自分の VUI デザインに適しているかを知るためには、以下の質問に答えればよい。

・ユーザーは、システムに対していつでも質問や命令ができるか？（例：Siri、Google アシスタント、Amazon Echo、Hound）
・明確な開始と終了のある閉じた会話にユーザーが参加することはあるか？（例：チャットボット、ゲーム、アバター、コマンド制御）

2.6.1 コマンド制御方式

多くのシステムで、ユーザーが何らかの意思表示をして自分が話し始めることをシステムに知らせなければならない方式をとっている。たとえば、Siri ではユーザーが「Hey, Siri」と呼びかけるか、しゃべる前にホームボタンを押すか、Siri の画面でマイクロホン型のソフトボタンを押す必要がある（図 2-9）。Google では、マイクロホンアイコンを押すか、「OK Google」と言う必要がある。Amazon Echo には物理的なアクションボタンがあるが、ユーザーは、「Alexa」と発声することによっても、今から会話を始めようとしていることを示すことができる。スタートレックの宇宙船エンタープライズ号でさえ、乗組員が何かを頼む前には「Computer」と言わなくてはならなかった。

2.6 コマンド制御型 vs 会話型 | 33

図 2-8.
ユーザーは Sensely のアバターに対して話しても、ボタンを押しても返事ができる

図 2-9.
ホームボタンを押して Siri を呼び出したあと、うまくいかないとマイクロホンのアイコンが現れる

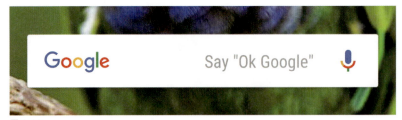

図 2-10.
Google に話しかけるには、「OK Google」と言うかマイクロホンのアイコンをタップする

多くの車載システムでは、ユーザーは「プッシュトゥトーク（押してから話す）」方法をとる必要がある。すなわち、ドライバーはハンドルにある特定のボタンを押して、これから話すという意思表示をしなければならない（図 2-11）。

図 2-11.
Toyota Matrix のプッシュトゥトークボタン（撮影：著者）

ボタンが押されると、システムは言語以外の効果音（「ポーン」という音など）やビジュアル・フィードバック（波型の線、ドットのアニメーション、デバイスのライトなど）を使って応答する。これでユーザーは、システムがちゃんと聞いているため話し始めてよいことがわかる（図 2-12）。

システムはユーザーが話し終えたと判断すると、何らかの合図でそのことを知らせてから応答する。合図には非言語音声（Siri の「up」音など）がよく使われる。ユーザーがいつ話すのをやめたかを判断することを、終端検出（endpoint detection）と

2.6 コマンド制御型 vs 会話型 | 35

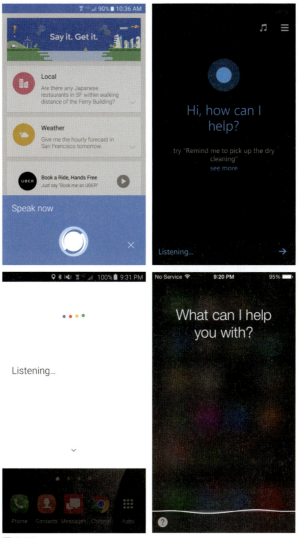

図 2-12.
リスニング・インジケーター：（左上、右上、左下、右下の順に）
Hound、Cortana、Google、Siri

呼ぶ。これについては 4 章で詳しく述べる。

　この時点で会話が終了している場合もある。システムはユーザーが再び話し始めることを予期していないが、関連する追加リクエストがあれば処理できる場合もある。ただしそのときもユーザーは、話し始めることを再度明示的に示す必要がある。

　この方法はユーザーがいつ話し始めるかデバイスにはわからない状況に適している。たとえばあなたが居間にいて配偶者はキッチンにいるところを想像してほしい。ふたりはしばらく会話していない。おそらくあなたは、自分が話し始めようとしていることを相手に知らせるために、何らかの明示的な通知手段を使うだろう。たとえば、「ねぇ、ちょっと聞いてもいい？」とか「ねぇ、クリス」などだ。これで配偶者は聞く準備ができる。もし 30 分間何も言わずにいて突然「あれどこにあったっけ？」と、何を探しているのかという脈絡もなく言ったら、配偶者は混乱するに違いない。

　ウェイクワードやボタンが押されてから、システムが耳を傾けているべき時間枠も慎重に決める必要がある。短すぎると、話す前に少しためらったユーザーを逃すことになり、長すぎると、聞かれることを意図していなかった会話をシステムが聞くことになりかねない。経験的には、10 秒がひとつの目安だ。

2.6.2　会話方式

　ユーザーと VUI の間のやりとりが長くなる場合、話し始めることを明確に示すようユーザーに強要することは、必要がないだけではなく、むしろぎこちなく不自然な会話だと感じさせてしまうだろう。本物の人間との会話の最中、以下のような合図を毎ターン言う必要はない。

> あなた：久しぶり！ 調子はどう？
>
> 友達：これから話すね。元気だよ、君は？
>
> あなた：元気。昨夜はどこへ行ったの？
>
> 友達：昨夜どこへ行ったかを話すね。ボノボについての集まりに行ったんだ。

めんどくさい会話になりそうだ。

　ユーザーがあなたのアプリとの会話に参加したら、話し始める意思を表示し続け

よう強制してはいけない。代わりに、もっと自然な順序交代のテクニックを使おう。以下に例を示す。

・質問する
・アイコンタクトを使う（アバターまたは映像がある場合）
・ひと呼吸おく
・明示的な指示

　もっとも簡単で自然なテクニックは、質問をすることだ。VUIがユーザーに何かを尋ねれば、ユーザーは自然に応答する。
　明示的な指示でもよい。「観たい映画の名前を言うだけで結構です」という具合だ。
　この会話モードにユーザーを引き込むのが適切でないこともあるので、注意すること。私が使ったあるAIアシスタントは、私が話し終わるたびにマイクをよこした。あれは非常に厄介だった。

　AIアシスタント：わかりました、その情報を探します。質問するだけで結構です。［マイクをオンにしてビープ音を鳴らす］

　私：［それって、今やったことじゃないのか？］

　人間の順序交代は必ずしも明確ではない。多くの場合、誰かが話している途中に、別の誰かが「うんうん」とノイズを発したのがターンだったりする。Urbanが言うように、人間と人間の会話の多くがオーバーラップしあっている。私が「うんうん」とつぶやくのは、誰かの話をやめさせて順番をよこせという意味でない。まだいますよ、ちゃんと聞いてますよ、という単なる「存在」表示だ。
　コンピューターはまだこういう繊細な順序交代に対応できていない。ただし、ユーザーの割り込みを許可していないシステムでは使えるかもしれない。システムがまだしゃべっている間に「うんうん」と言っても、認識機能が働かないからだ。
　VUIシステムをもっと注意深くデザインすることによって、よく使われる微妙な表現をもっと扱えるようになるかもしれない。たとえば、ユーザーはやりとりの最後に「ありがとう」と言うかもしれない。システムは、単にこれを無視することも、エラーにしたり再入力を促したりする代わりに「どういたしまして」と返答するように

プログラムすることもできる。

　また、ユーザーの答えを理解できないような反語的な質問をしてはいけない。オフィス用チャットツールの Slack で動くチャットボット「Howdy」の共同創立者、Ben Brown は、ボットが反語的な質問をするのを禁止しなければならなかった。なぜなら、「ボットがただ儀礼的に言っただけなのに、人間は答えようとするから」だという。「自分のウェブページに入力フォームを貼り付けておけば、人は入力したくなるものです」[*4]

　もうひとつ、順序交代のルールに反するのが、システムが話し終わる前に質問することだ。たとえば、IVR にこんなやりとりがよく出てくる。「もう一度聞きたいですか？『はい』か『いいえ』または『もう一度』のいずれかで答えてください」。ユーザーはよく「もう一度聞きたいですか？」といった質問が終わるや否や話し始めてしまうが、それがユーザーのいら立ちの原因となりかねない。なぜならユーザーはシステムが話している最中に応答することができないか、あるいはシステムが次の文を話し始めたとたんに割り込んで、システムが話すのをやめた結果、システムが処理しようとしている流れを中断させることになるからだ。優れたプロンプトのデザインと、非常に注意深いボイストレーニングを行うことで、うまくいく場合もあるが、一般的には、指示を最初に、質問を最後に持ってくることで問題を回避すべきだ。

　コマンド制御型と会話型を相互に切り替えるとよい場合もあるが、このやり方は、モードが変わったことをユーザーが暗黙のうちに理解できる状況に限って行うことが大切だ。この良い例が、Amazon Echo の Jeopardy! ゲームだ。ゲームを始めるために、ユーザーはまず「Alexa, start Jeopardy!」と言わなくてはならない。しかし Alexa がクイズの答えを言ったあとは、再び「Alexa」と言う必要はなく、単に問題（例：「Who is Dorothy Hamil?」）を言えば、Alexa は正解か不正解かを教えてくれる。話し始めるタイミングを知らせる「ビープ音」がないのは必要ないからだ。会話の形式が決まっているのでユーザーは苦労なく理解できる。

2.7　会話マーカー

　VUI をさらに人間らしく（かつ魅力的に）するために、会話マーカーを使う方法がある。次の2つの会話の違いがわかるだろうか？

[*4] Pavlus, J. (2016). "The Next Phase Of UX: Designing Chatbot Personalities."
https://www.fastcompany.com/3054934/the-next-phase-of-ux-designing-chatbot-personalities

AI アシスタント：昨夜は何時間眠りましたか？

ユーザー：7 時間くらい。

AI アシスタント：昨日はフルーツと野菜を何人前食べましたか？

ユーザー：4 人分くらい。

AI アシスタント：昨夜薬を飲みましたか？

ユーザー：はい。

AI アシスタント：さようなら。

もうひとつは、

AI アシスタント：あなたの健康についていくつか質問します。まず、昨夜は何時間眠りましたか？

ユーザー：7 時間くらい。

AI アシスタント：それはよかった。では昨日フルーツと野菜を何人前食べましたか？

ユーザー：たぶん 4 人分くらい。

AI アシスタント：わかりました。最後の質問です――昨夜は薬を飲みましたか？

ユーザー：はい。

AI アシスタント：わかりました。今日はここまでです。明日またお話しましょう。さようなら。

どちらの例も同じく3種類の情報を集めているが、ユーザーはどちらのAIアシスタントと毎日話したいだろうか？

会話マーカーは、ユーザーが今会話全体のどこにいるかを知り、言ったことが相手に伝わったかどうかを知るための重要な手段だ。システムが基本的な作法に沿って話し、同じように応答することによっても、ユーザーを引きつけることができる。会話マーカーは、やりとりに必要なさまざまな要素をひとつにまとめる「糊(のり)」の役目を果たす。

会話マーカーには次のような種類がある。

・タイムライン（「最初に」「これで半分」「最後に」など）
・相づち（「ありがとう」「わかりました」「了解」「すみません」など）
・ポジティブ・フィードバック（「それはよかった」「それを聞いて安心しました」など）

デザインしようとする会話に会話マーカーが必要かどうかを調べる実用的な方法は、誰かと「読み合わせ」をすることだ。対話サンプル（システムとユーザー間のやりとり）を書き出し、それぞれが一方のセリフを声に出して読む。堅苦しい部分や不自然な部分がすぐにわかるかもしれないし、あるいは、会話がいつまで続くか見当がつかないためにユーザーのいら立ちが増すかもしれない。

私が顧客からよく聞く問題がいくつかある。「コンピューターはそんな風に話さない」、あるいは「人は不快感を覚えるだろう、なぜならこれはコンピューターであり、人間ではないからだ」などだ。顧客の中には、システムがインフォーマルすぎると感じたり、人間のふりをするから嫌われるのではないかと心配したりする人もいる。

会話マーカーはあなたのシステムのペルソナに適したものを使うことが大切だが、非常にフォーマルなシステムでも恩恵を受けるはずだ。ユーザーは自分が機械と話していることを知っているのだが、それでも人間は会話の基本を守ることを尊重する。

次に、デザインの非常に重要な要素であり、誰もが起きてほしくないと願っているにもかかわらず避けることのできないものについて考える。

2.8　エラーハンドリング

人間と話していて、回復不可能なエラー状態になることはない。
——*ABI JONES*、GOOGLEのデザイン責任者

伝統的なIVRの世界では、ユーザーの言うことが聞こえなかったり、理解できなかったりしたとき、システムはユーザーにもう一度話すよう促す。これは重要であり、そうしないとユーザーは電話が切れたかシステムが動作していないかと思うかもしれない。もうひとつの理由は、期待されている会話の形式があるためだ。ユーザーはどの時点においても会話を進めるために入力を与えなければならない。システムが何も聞かなければ、時間切れになって、もう一度話すようユーザーを促す。時間切れまでの時間が適切に設定されていないと、ユーザーとシステムが互いに相手を遮ることになり、ぎくしゃくとしたやりとりになってしまう。

しかし、モバイルVUIやモバイルデバイスの世界では、聞き取れなかったときに再入力を促す必要がないケースもある。たとえばAmazon Echoは、ユーザーがウェイクワードを言ったあと何も言わなければ、何もしない（何か聞こえたけれども理解できなかったときは、短いビープ音を鳴らす）。

機械に向かって話す場合（特に名前の付いたデバイス）、ユーザーは人間に対するときと同じように、沈黙に反応することが多い。すなわち、もう一度繰り返す。システムの側も次の会話を待つことはない。これは1回限りのコマンドが多いからだ。つまりシステムが反応しそこなっても、やりとり全体が失敗するわけではなく、ひとつのコマンドが失敗するだけだ。重要なやりとりの最中に突然会話が終わるのとは違って、一度失敗するだけだ。このように失敗に対する許容度が高いために、Alexaが理解できずユーザーを無視しても許されることが多い。

しかし、もしアプリが、あなたの命令を理解しそこなうたびに「申し訳ありません、理解できませんでした」と言ったらどうだろう。たちまちうんざりするだろう。「理解できませんでした、理解できませんでした、理解できませんでした」。 わかった、もうわかった！ ユーザーは、最初に言ったことをデバイスが理解しなかったときはもう一度繰り返さなくてはいけない、というモードにすぐに慣れるものだ。

これまでVUIの「最適経路」行動について詳しく書いてきた。しかし、優れたデザイナーなら誰でも知っているように、デザインは物事が正しく動くときのことだけを考えていてはいけない。うまくいかなかったときのためのデザインが必要だ。VUIでは常にどこかでエラーが起きているものなので、特に重要となる。

音声認識は過去10年間で劇的に進歩したが（条件が整えば精度は90％以上）、これであなたが自分のデザインに音声インターフェースを追加すればユーザー体験が良くなると決まったわけではない。人間対人間の会話を思い浮かべてほしい。誰かが話しているとき、単語のひとつやふたつを聞き逃すことはしょっちゅうある。

VUIでも同じことが起きる。しかし元の軌道に戻すのは人間の方がコンピューターよりもずっとうまい。それは文脈について深い理解があるためであり、そのため会話中にエラーがあったとしても立ち直ることができる。仮に私があなたに話しかけて、あなたが私を不思議そうに見つめていたら、理解できなかったのだなと思って私は発言を繰り返すに違いない。あなたに繰り返してくれるようお願いすることもできる。わかりやすく言い直してもらうこともできる。軌道修正する方法はいくつもある。両者とも人間同士の会話の作法に長年馴染んでいるからだ。

VUIが人間の言うことを理解できないとき、物事はたいてい破綻する。そういうVUIのエラー状態をどのように扱うかを決めることは非常に重要だ。Intelの音声・デジタルアシスタント担当GM、Pilar Manchonがこう言っている。「何かを間違えたり、何かを知らなかったために評点を落とすとき、実際にはうまくいったときの100倍大きくユーザーに評価されている」[*5]

適切な対応をしていれば、エラーが起きてもユーザーは路頭に迷うことがなく、元に戻って問題なく仕事を終えさせることができる。対応がまずいと、仕事を完了できないだけでなく、そのユーザーは二度と帰って来ない可能性が高い。

VUIが間違いを犯すパターンは主には次のようなものだ。

・音声が検出されなかった
・音声は検出されたが、何も認識されなかった
・何かを正しく認識したが、システムが処理を誤った
・何かを誤って認識した

2.8.1 音声が検出されなかった

音声認識エンジンには「リスニング」モードがあり、そこで音声信号を取り込もうとする。音声が予測されていながら検知されなかった場合、音声認識エンジンは「音声なし」のレスポンスを返す。

これが、ユーザーは何も言わなかったという意味とは限らないことは留意しておく必要がある。たとえば、ユーザーは発話したが何かの理由でシステムがそれを検知しなかったのかもしれない。

「音声なし」のケースの扱い方には2種類ある。

[*5] Manchon, P. (2016). 「RE-WORK Virtual Assistant Summit in San Francisco」での講演内容より引用

- 明示的に指摘する（例：すみません。聞こえませんでした。あなたのアカウント番号は何ですか？）
- 何もしない

どちらを使うべきか？　それは作るアプリによる。明示的な方法を採用する場合、以下の条件を満たしていなければならない。

- 音声のみのシステムである（IVRはその一例）
- ユーザーが反応する手段は音声だけである（スマートフォンのボタンにタッチするような方法はない）
- システムはユーザーからの反応があるまで、タスクあるいは会話を続行できない。

何もしない方がよいケースもある。

- ユーザーは別の方法で先へ進める（ボタンで選ぶなど）
- システムが理解できなかったことを示すビジュアルな表示がある場合。たとえば、アバターがユーザーの方を見ることで、アクティブに聞き取りを続けていることをユーザーに伝える。

なぜもっと慎重になり、常にもう一度話すようユーザーを促さないのか？　それをするとユーザーにとって非常に煩わしいからだ。人間は相手の言葉を理解しなかったことを示す方法をいろいろ知っている。中でもいちばん一般的（で効果的）なのが、何も言わないことだ。あるいは、不思議そうに相手を見たり、行儀よくほほえみかける。そうすることで、発話者は自分の言ったことが聞こえなかったり、理解されなかったことがすぐにわかる。

　VUIデザイナーは、人間がすでに身につけている会話ルールを活用すべきだ。ユーザーに向かってあなたは理解されていない、と言い続ける（その結果システムへの信頼を失わせる）よりも、わずかなしぐさの方が効率がよいことがある。

　私がVolio（訳注：西海岸のスタートアップ。2018年10月現在、活動を休止しているようだ）でユーザーテストをしたとき、これが非常にうまくいったケースがあり、ユーザーは聞かれてもエラーが起きたことさえ覚えていなかった。このケースでは、ユーザーが理解されないとき、俳優がただ聞いているだけのビデオが流れる——それ

以外何も起こらない。ユーザーは当然のように話を繰り返し、システムは先へ進んだ。

2.8.2 音声は検出されたが何も認識できなかった

　自動音声認識（ASR：automated speech recognizers）ツールが音声信号を検出したけれども、意味のある仮説を立てられなかった、というケースがある。

　この場合に取りうる戦略は「音声が検知されなかった」ときと非常によく似ている。

- 明示的に指摘する（例：「すみません。聞き取れませんでした。レストランの名前は何ですか？」あるいは「ごめんなさい、何とおっしゃいましたか？」など）
- 何もしない

　システムによっては、賢く、あるいはおかしく振る舞おうとするものもある。Alexa は、質問されていることはわかっているが答えられないとき、こう返答する。「すみません。よくわかりません」。

　Siri は、システムが理解できなかったとき、たとえば、「Siri、愛の意味を教えて？」と聞かれると、「えっ、私ですか？」と答える。

　ただし、この手の応答には注意が必要だ。「えっ、私ですか？」は初めの何度かはかわいいかもしれないが、役に立たない反応に苛立つユーザーを何度か見たことがある。

2.8.3 認識されたが処理できなかった

　ASR ツールは完全に正しい認識結果を返したのに、VUI が何かの理由で正しく処理できなかったというケース。これは応答がプログラムされていなかったり、誤ってプログラムされていることが原因の場合がある。一例を示す。

　　医療バーチャルアシスタント：How are you feeling?
　　　　　　　　　　　　　　　　具合はいかがですか？

　　ユーザー：I have a cold.
　　　　　　　風邪をひきました。

　　医療バーチャルアシスタント：How long have you been feeling cold?
　　　　　　　　　　　　　　　　いつから寒いと感じていますか？

この例ではシステムは「cold」というキーワードを温度と決めつけているため、会話が脱線している。賢いシステムなら、「having a cold（風邪をひいた）」と「being cold（寒い）」の概念の違いに注目していただろう。

次の例では、システムは完璧に認識したが、応答がプログラムされていなかった。

医療バーチャルアシスタント：具合はいかがですか？

ユーザー：ええと、腕がどこか痛む気がします。

医療バーチャルアシスタント：すみません。理解できませんでした。どう感じるとおっしゃいましたか？

このケースでは、システムが扱うレスポンスの種類を考えた人が、腕の痛みに関する返答を組み込んでいなかった。

これに対応するための方策は？ ユーザーが言うかもしれないことの予測精度を高めること。この問題をデータ収集によって回避する方法については、5章を参照されたい。

2.8.4　認識したが誤っていた

これは、ASRツールが誤った認識結果を返したケースだ。ここから起きることにはふたつの可能性がある。予定になかったので何もしないか、あるいは誤って別の行動と結びつけてしまうかのどちらかだ。例を見てみよう。

ミーティングスケジュールバーチャルアシスタント：
Sharonとのミーティングは何時に設定しますか？

ユーザー：ええと、たぶん、だいたい、うーんそうだなぁ、3時半にします。

ミーティングスケジュールバーチャルアシスタント：
［ASRツールが無意味な認識結果を返した］すみません。何時といいましたか？

残念ながらASRツールが正しく認識できなかった場合、あなたにできることはあまりない。ただし、N-bestリストを使い実際のユーザーのレスポンスをデータ解析

することによって、この問題を回避することができる（N-best リストというのは、ASR ツールが返す認識結果候補の上位からなるリストのこと。N-best リストについて 4 章で詳しく説明する）。

2.8.5　プロンプトをエスカレーションする

音声による入力が予測される場合（かつアプリとやりとりする主要な方法である場合）によく使われる戦略は、エラーに合わせ、プロンプトをエスカレーションするというものだ。次の簡単な例では必要な情報が何かをユーザーに思い出させている。

お天気アプリ：天気を調べます。州名と都市名をどうぞ。

ユーザー：えーーーと、Springfield です。

お天気アプリ：すみません。聞き取れませんでした。都市と州の名前を言ってください。

ユーザー：ああ、Springfiled、Minnesota です。

エラーに応じてプロンプトをエスカレーションさせる方法のひとつは、たとえば口座番号の記載場所を教えるように、必要であればユーザーの助けになる、より詳細な情報を提供するというものだ。あるいは、会話が何ターンか続けて失敗したときには、ボタンを押す、あるいはドロップダウンリストを使うなど、別のモードのコミュニケーション方法を提案することもできる。

次の例では、フライト検索アプリで、ユーザーは番号を入力するのだが、それは予約確認番号であって、フライト番号ではない。フライト番号を再度質問するだけでなく、システムはユーザーにフライト番号の書式を説明する。

航空会社アプリ：フライト番号を教えてください。予約を確認します。

ユーザー：えーと……576782。

航空会社アプリ：申し訳ありません、認識できません。お客様のフライト番号は、

　　　　UAという文字に続く3桁の数字です。

　　ユーザー：ああ、そうか！ だったら、375です。

　　航空会社アプリ：ありがとうございました。フライトを予約しています。

　開発中のシステムに、ユーザーの補助をしてくれる人間のアシスタントがいる場合は、いくつエラーが起きたらユーザーの対応を人間のアシスタントに引き渡すかという、境界を決めておく。

2.9　ユーザーを責めるな

　できる限り、ユーザーを責めてはいけない。責めるなら何か他のもの、せめてシステムをまず責めるべきだ。

　Clifford NassとScott Braveが実施した研究で、ユーザーは運転シミュレーターを使った作業を行い、作業の間、システムの音声がドライバーの運転成績についてコメントを言い続けた。被験者の半数はドライバーをとがめるメッセージ（「スピードの出し過ぎです」）を聞かされ、残りの半数は外的要因をとがめるメッセージ（「この道路はハンドル操作が難しい」など）を聞かされた。[6]

　システムに叱られた被験者は、自分たちの運転成績を低く評価し、音声を好きにならず、何よりも重要なことに運転中の注意が散漫になった。エラーメッセージは小さなことのように思えるかもしれないが、ユーザーのシステムに対する認識に影響を与えるだけではなく、ユーザー自身の成績にも影響を与える。

2.10　ユーザーの習熟度

　あなたのシステムを定期的に使用するユーザーがいる場合、デザインの中にさまざまな方策を盛り込むことが重要だ。

　たとえば健康アプリなら、血圧を測定するためにユーザーに毎日ログインさせるかもしれない。初めのうちは、プロンプトに詳しい操作方法を含めておくことは有効であり、かつ必要だ。

　しかし、ユーザーがそのアプリに慣れてきてからは、長い操作説明を続ける必要がなくなる（他のプロンプトも同様）。それぞれのシナリオの例を見てみよう。

---

[6]　Nass, C., and Brave, S. *Wired for Speech* (Cambridge, MA: The MIT Press, 2005), 125

初めて使うユーザーの場合。

> **アバター**：それでは血圧を測ってみましょう。スイッチが入っていることを確かめます。次に、腕帯を腕に巻きつけて、青色の矢印が手のひらの方を向いていることを確認してください。必ず腰掛けて、床に足の裏を平らに置いてください。準備ができたら、「次へ」を押してください。

ユーザーは1週間毎日、必ずこのアプリと対話してきた。

> **アバター**：血圧を測る時間です。腕帯を巻いて「次へ」を押してください。

ただしアプリが使用された回数だけを数えてはいけない。何回も利用している人が、実は月に一度か2か月に一度しか使っていないしれない。その場合は初心者向けのプロンプトを使い続けるのがよい。

説明的なプロンプトを短縮する方法もある。たとえば、システムがこんなことを言う場合を考えてみよう。「これから、あなたの気分についていくつか続けて質問します。終わるまで数分かかりますが、その質問は医師が最適な診療方法を決めるのに役立ちます。最初の質問です。昨日は薬を飲みましたか？」

これを1日おきに1週間続けたら、質問を短くして「昨日薬を飲みましたか？」とすることができる。プロンプトを短くした場合でも、「会話マーカー」を使うことを忘れずに。会話マーカーによって、ユーザーは自分の答えが理解されて、今自分が質問全体のどの位置にいるのかを知ることができる。

Googleのインタラクション・デザイナー、Margaret Urbanは、ユーザーを単に「訓練」することが目的にならないことが重要だと言う。利用できるコマンドでユーザーを鍛えるのではなく、ユーザーの行動に順応すべきだと彼女は言う。

「プライミング」のコンセプトも利用できる。プライミングとは、人を特定の刺激（言葉あるいは画像）にさらすことで、その後の刺激に対する反応が影響を受けるという事実を指す。たとえば、あなたがペルーに生息するリャマ（llama）に関する自然科学番組を見たあと、誰かに「L」で始まる動物の名前を聞かれると、ライオン（lion）よりもリャマと答える率が高くなる。

質問の数をあらかじめ知らせておくことも、プライミングの一種になる。聞き手は次に起こることを予測できるので、どう準備すればよいかがわかる。

プライミングにはもっと目立たない形もある。VUI が一定の方式でコマンドを確認していると、ユーザーは将来も同じような言い回しをするようにプライミングされる。たとえば、「Barenaked Ladies というグループの『Call and Answer』という曲が聴きたい」と私が言い、VUI が「Barenaked Ladies の『Call and Answer』をかけています」と答えると、次回私は「Barenaked Ladies の『Call and Answer』をかけて」とだけ言えばいいかもしれない。

2.11　コンテキストを維持する

以前の、Google がエイブラハム・リンカーンについての会話を続けることができた例を覚えているだろうか。もう一度見てみよう。

ユーザー：OK Google、アメリカの 16 代大統領は誰ですか？

GOOGLE：エイブラハム・リンカーンがアメリカの 16 代大統領です。

ユーザー：彼は何歳で亡くなりましたか？

GOOGLE：エイブラハム・リンカーンは 56 歳で亡くなりました。

ユーザー：彼はどこで生まれましたか？

GOOGLE：ケンタッキー州ホッジェンビルです。

USER：そこでいちばんのレストランはどこ？

GOOGLE：ポーラのホット・ビスケットはいかがですか。

この例の良いところは何か？ Google は会話を続けながら、コンテキストも覚えている。具体的には代名詞の使い方だ。システムは「彼」がエイブラハム・リンカーンを指すことを知っている。さらに「そこ」がケンタッキー州ホッジェンビルであることを知っている。こうした経過を追うことは必ずしも簡単ではないが、これができないとそのアプリは 1 ターン限りのアクションしかできない。

同じ物を2種類の言葉で参照することを、共参照（または同一指示）と呼び、これは会話の本質的部分だ。これがないと会話はたちまち破綻する。

もうひとつ架空ではあるが、テレビで観る映画を探すアプリの例を示す。

　　ユーザー：ハリソン・フォードの映画は何がある？

　　テレビ：［ハリソン・フォード主演の映画タイトル一覧を表示］

　　ユーザー：1990年より前に作られたものはどれ？

　　テレビ：［新しいリストを表示］

　　ユーザー：じゃあ彼がキャリー・フィッシャーと共演した映画を教えて。

　　テレビ：［一覧を表示］

このケースでアプリは「もの」と「彼」が何を意味しているかを知っている必要がある。将来必要になるかもしれないことをすべて予測することは困難だが、まず、ユーザーが実際に話していることに基づいて組み立てていくことから始めるのがよいだろう（詳しくは5章を参照）。

ユーザーが人物について質問したときは、その情報を保存する。その人物が有名なら性別を調べることもできる。しかし、もっと単純な方法もある。最後に名前の出た人物を常に保存しておき、ユーザーが「彼」と言ったか「彼女」と言ったかに基づいてその人物を参照すればよい（もちろん、ユーザーが複数の人物に言及したときはうまくいかないが、多くの場面でこの方法が使える）。性別を決められないときは、その人の名前を使うこともできる。ただし、代名詞ではなくフルネームを使い続けるとロボットのように聞こえるので注意が必要だ。性別を区別しない代名詞として「they」も受け入れられつつある（訳注：英語の場合）。

ユーザー（あるいはシステム）が最後に言及した都市名や場所についても類似のプロセスが応用できる。

システムはユーザーの参照対象を解読するのに苦労することが多い。これはCortanaが会話中2番目のクエリに対応できなかった例だ。

ユーザー：What's the most expensive dog?
　　　　　いちばん高価な犬は何？

CORTANA ：［検索結果を表示］

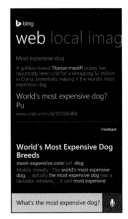

ユーザー：Where can I get one?
　　　　　それはどこで買える？

CORTANA ：［検索結果を表示］

51 ページの図のように、Cortana は「それ（one）」に意味を割り当てることなく、クエリをまったく新しいものとして扱っている。これに対して、Google はどう対応するか見てみよう。

ユーザー：What's the most expensive dog?
いちばん高価な犬は何？

GOOGLE：According to PopSugar, the most expensive dog in the global world today is the Tibetan Mastiff.
PopSugar によると、現在世界でいちばん高価な犬は Tibetan Mastiff（チベタン・マスティフ）です。

ユーザー：Where can I get one?
それはどこで買えますか？

GOOGLE：［検索結果を表示］

　上の図のように、Googleは2番目のクエリで「それ（one）」を正しく理解して、意味のある検索結果を返した。

> ［注記］
> 　実は数か月前に本章を書き始めたとき、Googleはこのクエリに対してこれと異なる反応を示していた。Googleは「それ」を「犬」という単語で置き換えた（実際に検索クエリそのものを書き換えたことが見てわかった）。これでもCortanaの反応よりは知的だが、あまり役に立たないことに変わりはない。Googleは「それ」を置き換えるために私の最初のクエリを使ったが、本来ならさっき出した答えを使うべきだった（現在はそうなっている）。しかし、この事例はシステムがいかに早く改善されているかを示す結果となった。
> 　もうひとつの留意すべき点には、Googleが提供するコンテンツが関わっている。説明文には軽度の冒瀆的表現が含まれており、不快に感じるユーザーがいるかもしれない。VUIデザイナーとしては、厳密には領域外ではあるが、こうした問題も意識しておく必要がある。
> 　Google側も、ユーザーが検索結果をどう感じるかについてのフィードバックを受け付けている。

2.12　ヘルプおよびその他のユニバーサルコマンド

　私がIVRシステムの開発に携わっていたころ、どの状態でもユニバーサルコマンドが使えることを確認した。「リピート」「メインメニュー」「ヘルプ」「オペレーター」「さようなら」の5つだ。

　モバイルアプリの場合、これは絶対的ルールではない。モバイルアプリ（あるいは「つながっている」デバイス）の多くは、メインメニューという概念を持たない。しかし、必要なときはいつでも、ユーザーが助けを求められるようにしておくことは重要だ。

　「ヘルプ」コマンドのサポートは多くの場面で有効だが、伝統的に、ヘルプはコンテキストに依存した形で使われてきた。たとえば、保険のIVRシステムで、ユーザーが医療カルテ番号（MRN：medical record number）を入力するように言われたところを想像してほしい。この時点でユーザーが「ヘルプ」と言った場合、カルテ番号は保険証に書かれている、ということを教えれば便利だろう。

　しかし、GoogleやCortana、Siriなどの総合アシスタントのように、自由形式で制約のない場面でユーザーがヘルプと言ったらどうするのか？　ユーザーが会話を始めたばかり（ホームボタンを押すか「OK Google」と言ったあとすぐに「ヘルプ」と言った）なら、システムはユーザーがどんなヘルプを必要としているかを知るためのコンテキストを持っていない。

　しかも、われわれIVRデザイナーが何年もかけて教育しようとしてきたにも関わらず、ユーザーはこの種のユニバーサルフレーズを使うことに必ずしも慣れていない！　このため、どんな種類のヘルプを提供するかだけでなく、ユーザーがどんな場面でヘルプと言うかを考えることも重要だ。たとえば、Alexaに、「Alexa, what can you do?（Alexa、何ができるの？）」と聞いたり、Cortanaに「What can you do for me?（何をしてくれる？）」と聞いたり、Googleに「Ok Google, what can I say to you（OK Google、何を言えばいい？）」などとユーザーが言ったらどうだろう。実際には、Googleはマイクボタンをタップして何も言わないと、いくつか例文を表示する。

　Cortanaは「Here are some things I can help you do.（私がお手伝いできることは以下の通りです）」と言って図2-13のようなビジュアルな例を表示する。

2.12 ヘルプおよびその他のユニバーサルコマンド | 55

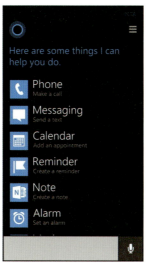

図 2-13.
Cortana は利用可能なボイスコマンドの例を一覧表示する

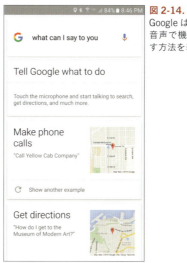

図 2-14.
Google は機能一覧と音声で機能を呼び出す方法を表示する

ユーザーがヘルプを要求できるようにするだけでなく、モバイルアプリのようにビジュアルな表示スペースがあるときはそれも利用すべきだ。たとえばプレーヤーがさまざまなキャラクターと話したりいろいろな世界を探検したりできるアドベンチャーゲームをデザインするとしよう。GUI コマンドとして「ヘルプ」や「情報」ボタンをいつでも使える状態にしておけば、ユーザーはシステムに助けを求められることがはっきりわかる。

　現在の VUI の世界では「ヘルプ」(あるいは「今何ができるか？」を尋ねる別の方法) は特に重要だ。それは VUI がまだ十分な完成度に至っていないからだ。多くの VUI が、「どういうご用件ですか？」などと、非常にオープンな言い方をするが、実際に理解して行動できることは非常に限られている。このためユーザーには、実際何をしてくれるのかを見つける方法が必要になる。

　良い IVR デザインで重要なもうひとつの要素は、いつでも「さようなら」を言えるようにすることだ。初期の VUI デザインでは、「さようなら」は重要とされていなかった。ユーザーは電話を切って会話を終わらせればよい、と考えられていたからだ。しかし長年のデータを集めた結果、デザイナーたちはあることに気づかされた。人は「さようなら」と言ってから電話を切ることに慣れているので、IVR システムが相手でもついそうしてしまう。そして電話を切るだけで会話を終わらせることに気まずさを覚える人もいるというのだ。そこでわれわれは、このケースに対応するための会話を追加した。もうひとつ重要な教訓は、実際に電話を切る前に、システムは十分な確信を持っていなければならないことだ。あなたのシステムが「さようなら」オプションを使うのなら、3 段階の信頼度を確認し、もし信頼度が十分でなければ、ユーザーが本当にシステムから離脱したいかどうかを確認しなければならない。

　これは 511 IVR システム（訳注：511 はアメリカのトラベラーインフォメーション用の番号）で、認識の信頼度が中のときの応答例だ。「さようならと言われたように聞こえました。本当に終了してもいいですか？」

　ある晩私はベッドに向かう途中、Amazon Echo の横を通りすぎながら、「Alexa、おやすみ」と言った。彼女は「おやすみなさい」と返事をした。こんなことに開発時間を費やすのはばかばかしく思えるかもしれないが、私は非常に満足した。

　ユーザーが繰り返したり、一段階前に戻るのを許すことも、会話システムにとって重要だ。「戻る」は Google アシスタントのようにやりとりが短いシステムには必要ないが、タスク指向の会話では、「戻る」は非常に便利だ。会話の一連のターン以外のタスクの中では、「戻る」に異なる意味を持たせることができる。たとえば、ユーザー

が音楽を聴いているときなら、「1つ前の曲を聴きたい」という意味を表すかもしれない。この種のコマンドは、GUI コントロールの有力候補であることも多い。

2.13　遅延

　もうひとつ、デザイナーにときどき見逃される要素は遅延だ。システムが何らかの遅延を生む可能性があるかどうかは、できるだけ早く見極めることが重要だ。一般的に遅延は次のような理由で起こる。

・通信状態が良くない
・システムの処理
・データベースのアクセス

　VUI システムが患者のカルテにアクセスする必要があり、そのためにデータベース参照が必要だとする。そのためにどのくらい時間がかかるかをできるだけ早く知り、それに合わせて計画を立てる。何らかの遅延があることがわかっている場合、システムがその遅延に対応する方法を備えていることを確認する。このためにシステムは、ユーザーに遅延の理由を知らせる方法（「少しお待ちください、データを調べています……」）、遅延ノイズと呼ばれる言葉によらない音声（IVR システムでよく使われる）または図 2-15 のように視覚的な合図（読み込み中を示すアニメーションアイコン／図 2-15）を使う方法のいずれも利用できる。

図 2-15.
Sensely のアバターは「少々お待ちください」と言い、メッセージを表示して、読み込み中を表すアニメーションを見せる

　予想される遅延時間が 0 秒から 10 秒までの範囲に渡るケースもある。その場合、遅延がゼロであっても数秒の遅延を挟むのがよい。なぜなら「少しお待ちください」と言ったあとすぐに会話が続くと、ユーザーに故障かと思われてしまうからだ。遅延時間を予想するときは、その予想を裏切ってはいけない。

　音声認識処理をしている最中に遅延が発生することもある。多くのデバイスが、ウェイクワードの認識には高速なローカル処理を使用し、それ以外の音声をクラウドに送って処理している。

2.14　曖昧さの回避

　ユーザーが提供した情報が不完全でシステムが行動を起こすのに十分ではないことがある。たとえば、「スプリングフィールドの天気は？」というように、ユーザーは複数存在する地名の天気を知りたがるかもしれない。

　可能であれば既知情報に基づいて答えを決定し、ユーザーに尋ねないで済ませる。Amazon Echo は、設定手順の中でユーザーのホーム位置を指定させる。このため、「天気はどう？」と尋ねると、Alexa は自動的に地元の気象情報を提供する。ホーム位置情報は、ユーザーが地元以外の天気を知りたいときにも利用できる。たとえば、「スプリングフィールド」は国の反対側ではなく、ホーム位置に近い方を選ぶ。

　文脈に応じたヒントは他にも使われる。ユーザーがイリノイ州スプリングフィール

ドのレストランを検索したすぐあとに、「スプリングフィールドの天気は？」と聞いたら、ついさっき出てきた場所を指していることはまず間違いない。

　文脈に関わる情報が得られないとき、システムはユーザーに質問して明らかにする必要がある。

> **ユーザー**：スプリングフィールドの天気は？
>
> **システム**：イリノイ州の方ですか、メリーランド州の方ですか？
>
> **ユーザー**：イリノイ。
>
> **システム**：気温は華氏65度です。

もし「スプリングフィールド」という単語の認識に対するシステムの信頼度が高ければ、地名をもう一度言う代わりに「〜の方」と言うことができる。この場合、ユーザーの応答に自由度を与えておくことを忘れてはならない。ユーザーは「イリノイ州スプリングフィールド」や「イリノイ」あるいは「最初の方」（リストのイメージ）などとも答えられるようにすべきだ。

　もうひとつ、曖昧さの回避が必要になるのは行動が明白ではない場合だ。

> **ユーザー**：Cindyにかけてください。
>
> **システム**：OK、携帯ですか、家の電話ですか？
>
> **ユーザー**：携帯電話。
>
> **システム**：Cindyの携帯電話にかけています……

名前の確認は最後の会話で暗黙のうちに行われていることに注意されたい。

　これができるのは、システムが（1）聞き取った名前の信頼度を高いと評価し、（2）発信者の連絡先にCindyがひとりしかいない場合だ。

　最近Googleはダイヤル方法のデザインを改善した。以前は、「Chris Leggetterに

テキストメッセージ」というと、Googleは「自宅ですか、携帯ですか？」と応答し、ユーザーがどちらか選ばなくてはならなかった。今は賢くなって、私が携帯のつもりだということを理解するようになった。なぜなら自宅の電話番号にはテキストを送れないからだ。

曖昧さの回避は、ユーザーの応答にVUIが扱える以上の情報が含まれているときにも必要になる。

システム：主な症状は何ですか？

ユーザー：吐き気がして熱があります。

システム：OK。どちらが最初の症状ですか？

ユーザー：えー、たぶん熱です。

システム：OK。熱ですね……

システムが両方の症状に同時に対応できれば理想的だが、この種のシステムには内在的な制約があり、ユーザーに絞り込んでもらわなくてはならない場合がある。

2.15　デザイン・ドキュメント

先に触れた対話サンプルやVUIのフローのドキュメントの他にも、検討すべき要素がいくつかある。

2.15.1　プロンプト

デザインの過程で、プロンプトのリストを作る必要があるかもしれない。「プロンプト」とは、システムがユーザーに向かって話すセリフのことだ。完全な文や複数の文であることも（「その件をお手伝いすることができます」「車のメーカーと車種を教えてください」）、数値や日付、商品名など文の断片の場合もある。

プロンプトリストは複数の目的を果たす。

・声優が録音するもののリスト

・クライアントの承認を得る
・TTS（音声合成）エンジンへの入力

プロンプトリストがどんなものか、あるいはプロンプト同士を連結するためのプロンプトリストの作り方を知るには、先に参照した書籍『Voice User Interface Design』が非常に参考になる。

2.15.2　文法、キーフレーズ

IVR の黎明期には、会話のあらゆる状態について、完全な文法規則を決める必要があった。たとえば、プロンプトがユーザーに「フライトを予約しますか？」と聞いたときの文法は次のようになる。

Yes: { " うん "," " そうして "," " うん、うん "," " もちろん "," " はい、はい "," " はい、フライトを予約して "}、などだ。

さらに、「えー」「うーん」などのつなぎ言葉（filler words）や、「よろしく」「ありがとう」などのあいさつも必要だ。

音声認識技術が進歩したおかげで、今は違う。代わりに、ほとんどのシステムは正確な文ではなくキーフレーズを指定したり、機械学習（まずサンプル一式を入力して始める）を利用したりして、ユーザーの意図をマッピングする。自然言語を解釈する方法については 5 章で詳しく述べる。

2.16　アクセシビリティー

アクセシビリティーについて考えるために、専門家の Chris Maury を紹介する。Maury は、Conversant Labs の創立者で、この会社はテクノロジーを利用しやすくなることで視覚障害者の生活を改善しようとしている。2011 年、Maury は自分が視力を失うことを知らされた。その後 Maury は将来に備えるためにテクノロジーに目を向けたが、利用できるもの（がないこと）に失望した。Maury はすぐに、スクリーンリーダーなどの標準的なアクセシビリティー技術は、必ずしも使いやすくないことに気がついた。Maury は次のように書いている。

> スクリーンリーダーのやり方は初めから大嫌いだった。どうしてあんなデザインにしたのだろう？　情報をまずビジュアルに表示して、そのあと音声に翻訳するのはまったく意味をなさない。完璧なユーザー体験を作りあげるた

めに注がれるべき時間と労力のすべてが無駄、いや視覚障害者ユーザーにとっては逆効果になっている。*7

彼は音声体験を一から作り直すことにした。彼の書籍*7のあとの方で、Maury はそのためのヒントをいくつか提示している。

能力によらずあらゆる人のために体験をデザインすることは、どのプロジェクトにとっても必須要件であるべきだが、タッチスクリーンとキーボードを超えるインターフェースを探求するうえでは特に重要な意味を持つ。視覚障害者にとって VUI が理想的な非視覚的体験でないとしたら、VUI の価値は何なのだろうか？

さまざまな障害を持つ人々のためにデザインする際の制約は、VUI デザイン以外の、たとえば会話型アプリケーション（チャットボット）や没入型コンピューティング（仮想現実：VR や拡張現実：AR）などの新規分野で、類似の課題に遭遇したときの解決方法を探るヒントになる。

アクセシビリティーの知見から得た VUI デザインのベストプラクティスを以下に挙げる。

・インタラクションは時間効率をよくすべきである
・インタラクションには意味づけがなされているべきである
・システムの個性よりもパーソナル化を優先すべきである

2.16.1　インタラクションは時間効率をよくすべきだ

ビジュアルなユーザー体験をデザインするとき、デザイナーはユーザーがひとつのアクションを完了するのに必要なクリック数を少なくしようとする。クリックが増えれば増えるほど、ユーザー体験は面倒で退屈に感じるようになる。同じことは音声主体のインタラクションでも言える。ユーザーに住所を尋ねるところを想像してほしい。

　　アプリ：番地を教えてください。

　　ユーザー：1600 Pennsylvania avenue。

---

*7 Maury, C. (2016) "War Stories: My Journey From Blindness to Building a Fully Conversational User Interface."
https://www.wired.com/2016/03/war-stories-my-journey-from-blindness-to-building-a-fully-conversational-user-interface/

アプリ：都市名は？

ユーザー：Washington。

アプリ：州は？

ユーザー：DC。

アプリ：郵便番号は何ですか？

ユーザー：20009。

この例で、ユーザーはひとつのタスクを完了するために4回の「コール・アンド・レスポンス」をこなさなければならない。次の1回だけのやりとりと比べてほしい。

アプリ：住所をまとめて言ってください。

ユーザー：1600 Pennsylvania ave, Washington, DC 20009。

今度は1回だけのインタラクションだ。確認のプロンプトはあった方がいいかもしれないが（「1600 Pennsylvania Aveでいいですか」）、それでも同じタスクを完了するためのインタラクションは半分になり、デザインの応答性は高い。

2.16.2　手短に

ビジュアルな体験では、ユーザーは自分に関係のあることだけに集中し、関係のない部分を飛ばすことができる。対してVUIは一直線だ。ユーザーはアプリが言うと決めたことを全部聞かされ、飛ばすことはできない。だからこそ、音声は手短にまとめる必要がある。文はできるだけ短く、重要な情報に限定し、その中でもいちばん重要なものを最初に持ってくる。

以下のショッピングアプリの例では、ユーザーがある製品に関する検索結果を聞くところを想像してほしい。商品の名前と価格と評価だけ伝え、それ以外はすべて図2-16のような1枚の商品詳細画面に任せている。

『ハリー・ポッターと呪いの子』著者 J.K. Rowling、17 ドル 99 セント、星 5 つのうち 3.5。

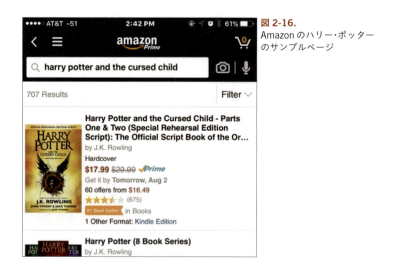

図 2-16.
Amazon のハリー・ポッターのサンプルページ

これと比べるとビジュアルインターフェースでは1件の検索結果に詰め込める情報量が、モバイルでさえずっと多いことがわかる。

入りきらなかった情報は、ユーザーがいつでも質問できるようにしておく。ショッピングの例を続けると、ユーザーが聞く可能性のある質問がいくつか考えられる。

・商品の仕様は？
・レビューを読んで。
・その本はハードカバー、それとも文庫？

2.16.3　早く話す！

優れたデザインのインターフェースは、初心者にやさしくしながら、パワーユーザーには高度な利用方法を提供する（ドロップダウンメニューとショートカットキーの組み合わせ）。こうした高度な機能はそれを使いこなせるユーザーにとってインターフェースの時間効率を著しく向上させる。スクリーンリーダーを使っている視覚障害

者は驚くほどの速度で読み上げられるテキストを聞くスキルを身につけている。デモを https://www.youtube.com/watch?v=92pM6hJG6Wo で見ることができる。

　本を半分の時間で読めるだけでなく、音声ベースのアプリケーションを驚くほど早く操作することもできる。アプリが1分あたり950ワードの速度で読むのを聞き取るのは誰にでもできることではないが、多くのユーザーが標準以上のスピードに慣れてきている。たとえば、YouTube ではビデオを最大2倍速で再生することができる。再生速度を最大5倍にできる Video Speed Controller という Chome 拡張機能は12万5,000回以上ダウンロードされている。

　アプリの話す速度はユーザーが制御できるようにしておくこと。これはユーザーの誰もが活用できるわけではない高度な機能だが、スキルのあるユーザーは非常に反応の良いアプリだと感じるだろう。もし Photoshop にショートカットキーがなかったら世界がどうなっていたか想像してほしい。

2.16.4　いつでも割り込める

　視覚的アプリケーションでは、アプリが読み込んでいる間、ユーザーは待っている。準備がすべて整うまでユーザーは何もできない。VUI でそれに相当するのが、アプリケーションの応答を待っている時間だ——ユーザーの話したことを認識し、何を意図したのかを理解するプロセスには時間がかかる。

　アプリが話し終わるまでユーザーに待たせることで、この待ち時間を増やしてはいけない（ユーザーがシステムに割り込んで話すのを許すことをバージインと呼ぶ）。

　たとえば近くの店を検索するとき、検索結果を全部聞き終わらないとユーザーが店を選べないようなアプリを作ってはならない。

　　　ユーザー：近くのコーヒーショップを教えて？

　　　アプリ：歩いて10分以内にコーヒーショップが4軒あります。
　　　　　　　Espresso a Mano、星2つ、徒歩2分。
　　　　　　　Starbucks、星3つ半。

　　　ユーザー：Espresso a Mano に行く道順を教えて。

　Alexa に天気を聞くのも良い例だ。Alexa は初めに重要な情報を言ってから詳細を

教える。ユーザーはいつでも、「Alexa、ストップ」と言うことができる。

2.16.5　コンテキストを提示する

　VUI デザインの難題のひとつに、ユーザーにできることをどうやって教えるかという問題がある。これは GUI を使うアプリケーションでは、あまり問題にならない。すべてが画面に見えているからだ。どのボタンをタップできるか、どのメニューをクリックできるかは見ればわかる。VUI では、このような視覚的な機能の発見はできない。VUI のデザインでは、どう反応できるのか、どんなアクションを起こせるのかをユーザーに伝える必要がある。

　ユーザーに呼びかけるプロンプトのテキストには、ユーザーがどうやって応答すればいいのか、どんなアクションを起こせばいいのかを知るためのヒントを含めておかなくてはならない。

- 「ラタトゥイユのレシピが 4 つあります。どのレシピについても追加情報を質問できます」
- 「あなたは木製の玄関ドアの白い家の西側にある野原に立っていて、そこにはメールボックスがあります」

　しかしここで暗示されているコンテキストは往々にして十分ではなく、ユーザーは自分が何をしているかを忘れているかもしれない。そのような状況では、ユーザーが行動しやすいよう明示的な指示を与えることも必要だ。

2.16.6　ユーザーが迷子にならないために

　ユーザーはいつでもヘルプを呼び出せるべきであり、ヘルプメッセージはユーザーをアプリケーション内の正しいコンテキストへと誘導しなくてはならない。

　ユーザーが困っているときのよくある表現を以下に示す。

- 「ヘルプ」
- 「何を言えばいい？」
- 「今何してる？」
- 「ええと、わかんない」
- （アプリがユーザーの入力を促すプロンプトを言ったあと）［静寂］

次にヘルプメッセージの例をいくつか挙げる。

・「いつでも『検索』と言って新製品を検索できます」
・「次の打ち合わせは正午からです。10分前にリマインドしますか？」

ヘルプメッセージは、ユーザーを現在の会話のコンテキストに引き戻すだけでなく、次のステップに行くためのプロンプトにもなっている必要がある。

2.16.7　音声合成のパーソナル化

アプリの中で聞く音声合成（TTS：text-to-speech）の声はユーザーが選べるようにしておくこと。特徴ある個性の声をアプリのブランドと結びつける（料理アプリの声が有名シェフのGordon Ramseyならどうだろうか）ことだけではなく、ユーザーの役に立つ技術的特徴を持たせることもある。多くの音声は早口で話すことを前提に作られているので、ロボット的な声にはなるが、1分あたりの単語数が増えたときでもずっとわかりやすくできる。もちろん、ユーザーが好きな声を選んで、楽しんでもらうこともできる。

その他のタイプのアクセシビリティー

　Googleのアクセシビリティー・エバンジェリスト、Sara BassonとVUIデザイナー、Nandini Stoker のふたりが、アクセシビリティーのためのVUIについてそれぞれの思いをつづってくれた。

　私たちは「障害」と聞くと、運動障害や視覚障害、聴覚障害など判断しやすい「目に見える」ものを思い浮かべがちだ。しかし、認識障害のように目に見えにくい障害もある。ADHD（注意欠陥多動性障害）をはじめ、失読症や自閉症スペクトラムなどの知的障害もそうだ。「目に見える」障害だけでも種類は多く、さまざまなレベルの聴覚喪失やカーパルトンネル症候群、筋力低下などの運動障害も含まれる。統計によると世界人口の15〜20%が何らかの障害を持っている。これは、VUIをデザインするうえで真剣に考慮すべき人数であることは間違いない。これは障害者の比率が高いからだけでなく、それが正しい行動だからでもある。

　入出力に音声を用いるシステムを作ることは、視覚あるいは運動に障害のあるユーザーの自立を助ける選択肢になる可能性がある。視覚障害のあるユーザーは音声コマンドの使えるシステムを使いやすく感じるかもしれない。もうひとつのインターフェースが音声フィードバックのないタッチスクリーンだったならなおさらだ。音声入力があることによって、小さな画面を操作するのを面倒に感じていたユーザーの利便性が高まる。音声による出力も、テキストのみの出力と比べて視覚障害ユーザーに力を与える。運動障害のあるユーザーはテキスト出力を読むことはできるかもしれないが、言葉で応答できることで、キーボードやタッチスクリーンを使わずに済むというメリットがある。しかし聴覚障害のあるユーザーにとって、音声のみのシステムは利用の妨げになる。

「ユニバーサルデザイン」の原理は、1990年代にアクセシビリティーを考慮した技術開発を巡る観察から生まれた。障害のある人に配慮してシステムをデザインし、そして開発すると、障害を持たない人々も恩恵を受けることがわかってきた。音声メディアのキャプショニング（字幕）がその一例だ。キャプショニングの当初の目的は聴覚障害者たちの利便をはかることだったが、それ以外の数多くの場面でも役に立った。たとえば、騒音の大きい場所でビデオを観る人や、話し言葉よりも字幕を読む方が楽な非ネイティブ話者、あるいは聴力のやや衰えた高齢の視聴者などだ。

　ユニバーサルデザイン原理はVUIのデザインにも適用される。初期の音声対応旅

行予約システムは、簡単な会話で情報を得られることが特徴だった（例：「火曜の午後 4 時ごろのニューヨーク発のフライトでカリフォルニアへ行きたい」）しかし、フライトの候補が複数あるとき、ほとんどのユーザーは選択の候補を音声ではなくテキストで見ることを好む。このような場合、マルチモーダル・インターフェースがおすすめだ。ある種の情報は耳で聞きたいが、ある種の情報は目で見たい。

ただし、システムは誰にでも使えることを担保しなくてはならない。一部のユーザーだけが「好む」様式に合わせてはいけない。そうすることで他の人たちの利用機会を奪ってしまうからだ。ここで覚えておくべき重要なメッセージは、マルチモーダル・デザインではすべてのモードがいつでも利用可能なことを保証すべきであること。そしてデザイナーは、ユーザー全員があるモードのみを好んで使うことを想定すべきではないということだ。

プロダクトやサービスをできるだけ多くのユーザーが使えるようにするために、留意すべき VUI デザイン原理がいくつかある。その多くは、障害のあるユーザーたちにとってだけでなく、一般的なユーザーにとっても総合的に優れたデザインにするためのものだ。しかし、そのようなデザイン原理を取り入れることに失敗すると、ユーザー全般をいら立たせるだけでなく、そのミスが障害のあるユーザーを受け入れる障壁になりかねない。たとえば、ユーザーの認知的負荷を軽減する方法はいくつかある。デザイナーは、重要な情報を最初（あるいは最後）に置き、メニューの選択肢が長くなることを避け、ひとつの質問に複数の目的を含めないようにすることができる。[*8]

何人かの障害のあるユーザーを対象にわれわれが実施したある定性調査の結果、最近の VUI に見られる重要な欠落部分が明らかになるとともに、より利用可能な VUI を作るためのヒントが見つかった。

- 聴覚を失ったユーザーは、VUI デバイスが標準と異なる話し方ではうまく使えないのではないか、という不安を持っている（発語障害のあるユーザーや、聴覚障害者の特徴を持つ話し方のユーザーなど）。音声入力を必須とするデバイスの普及は、アクセスの障壁を生む。そういうユーザーは、非標準的発話者向けにパーソナライズされた音声認識モデルを作れるシステムを求めている。すなわち、特定のユーザー集団の会話データを使用して時間をかけて訓練されたシステムだ。

[*8] 参照：Deborah Dahl, "Voice Should Be User-Friendly ― to All Users." SpeechTechMag.com, November 2015 http://www.speechtechmag.com/Articles/Column/Standards/Voice-Should-Be-User-Friendly-to-All-Users-107385.aspx

- 複数の聴覚障害ユーザーから、VUI が発する音声によるフィードバックや情報は、自分たちにはほとんど役に立たないというコメントがあった。あるユーザーはこう言った。「ほとんどのデザイナーは、誰もが話すことも聞くこともできるから、音声だけのインターフェースが最高だと思っている。これは、目の不自由な人たちも同じで、視覚のみのインターフェースは彼らにとって恐怖だ。常に両方が提供されるべきだ」

- VUI デバイスは、認識に失敗したことを伝えたり、認識エラーがあったりしたときに修正するための簡単な方法を持たないことが多い。これを改善するひとつの方法は、「理解しました」「エラー」「もう一度言ってください」などを表す、視覚的な表示方法を複数用意しておくことだ。

- 視覚障害あるいは運動障害のあるユーザーのためには、あらゆることが VUI だけでできるようにする必要がある。LED の表示に頼ったり、ユーザーを専用アプリの視覚的表示に誘導してもいけない。マルチモーダル・インターフェースはユーザーの選択肢のひとつであるべきで、必須要件にしてはいけない。

ここに挙げたデザイン原理の多くはどんなユーザーにも当てはまる。人は誰しもストレスと睡眠不足で認知能力が損なわれる日々を過ごし、年齢とともに視覚能力の一部を失っていく。テキストを読みやすくするために、コントラストやフォントサイズや彩度に気を配り、アフォーダンスをよくすることは、まさしく優れたデザインだ。

2.17　結論

本章では VUI をデザインするうえで鍵となる考え方を紹介した。その多くは IVR の世界から導かれたものだが、重要な違いがいくつかある。優れたデザインのエラー対応などの基本戦略、暗黙の確認と明示的確認の違い、および対話サンプルやフローなどのデザインの成果物は、どちらのケースにも当てはまる。

典型的な VUI プロジェクトの成果物を以下に挙げる。

・対話サンプル（声優を使うことができる場合は特に実際に録音した音声を用意したくなるだろう）
・VUIのフロー図
・プロンプト一覧（声優あるいは、事前に用意した音声合成を利用する場合）
・画面サンプル（マルチモーダル・インターフェースのアプリを開発する場合）

社外の顧客と仕事をする場合、これらの成果物は、最終製品がどんなものになるかを伝えることで、顧客がそれをレビューしてフィードバックを返すことができる。また、実装する前に全員がデザインに合意するための手段でもある。

本章で取り上げた重要なデザインコンセプトを以下に挙げる。

・確認に関する戦略（ユーザーはどうやって自分が理解されたことを知るのか）
・あなたのVUIはコマンド制御型を使うべきか、会話を多用すべきか
・エラーハンドリング（エラーは必ず起きるものであり、丁重に扱うべきだ）
・コンテキスト（同じ会話だけでなく以前の会話に関してもユーザーの言ったことを覚えておく）
・曖昧な入力の扱い方やヘルプ、およびその他のユニバーサルコマンド

モバイル向けのデザインは、ユーザー体験を豊かにするだけでなく、より複雑にすることがある。あなたは、ユーザーがいつどこで話すことができるかを知らせる方法や、いつどこで視覚的フィードバックを利用できるかを決めなくてはならない。多くの場合、あなたの作るユーザー体験を支援してくれる人間はユーザーの近くにいない。

ユーザーがスマートフォンやスマートスピーカーに向かって話しかけられるようになることで、まったく新しい体験の世界が開かれる。夕食時にトリビアを調べることも、部屋の明かりを暗くするようスマートスピーカーに頼むときも、日常の仕事を管理することも、VUIはどれもいっそう便利にしてくれる。

3章
ペルソナとビジュアルVUI

　モバイルデバイスのVUIをデザインするにあたって、VUIにビジュアル表現を用いるどうかは重要な決断である。表現方法は静止画像であったり、アニメーションのアバターであったり、ときには役者を撮影したビデオの場合もある。他に、モンスター、動物、ロボット、エイリアンなど人間以外の馴染みのある形をしたアバターを使うこともある。さらにはVUIがアバターを使わずに見せることのできる抽象的なビジュアルレスポンスもある。

　本章は、あなたが作ろうしているVUIにビジュアル表現が必要か、必要であればどのようなデザインにすべきかを決めるための手助けになることを目的としている。アバターの作り方や動かし方の詳細には立ち入らず、VUIシステムでアバターがどのように使われるかに焦点を絞る。

　また本章ではペルソナのデザインも取り上げる。どんなVUIにも、アバターなどビジュアル要素の有無に関わらず、必ずペルソナがある。

3.1　ペルソナ

個性を持たないボイスユーザーインターフェースは存在しない。
　　　　COHEN, GIANGOLA, AND BALOGH（2004年）

『Voice User Interface Design』の中で、著者のCohen、Giangola、Baloghの3人はペルソナを以下のように定義している。

> 「ペルソナ」とは、人が自らの意識的な意図を自分自身あるいは他人に示すために身につける役割として定義される。「ペルソナ」という用語は小説や

映画における「キャラクター」とほぼ同じ意味で使われる。より厳密に定義するなら、ペルソナとはアプリケーションに使われる音声および言語からユーザーが推測する個性やキャラクターの標準化された心的イメージだ。VUI業界にとってのペルソナは、企業がサービスやプロジェクトに特定の企業イメージを植え付けるための手段である。

人間にはものごとを擬人化する傾向がある。バスタブの蛇口が付いていた位置に穴のあるこの写真は、驚いた人の顔に見える（図3-1）。われわれは相手が人間であるかのようにペットと話す。

図 **3-1.**
驚くバスタブ（著者撮影）

ユーザーはあなたのVUIでも同じことをするに違いない。作者の意図にかかわらず、ユーザーはVUIの持つ性格特性を擬人化する。VUIの性格を成り行きにまかせるのではなく、デザインを通じて自らの手で決めていくことが最良の結果を導く。

アバターを使う場合は、アバターの持つ性格について検討することがいっそう重要になる。ビジュアルな表現を使うと、ユーザーがそこに性格特性を見いだす可能性は

いっそう高くなる。まず性格特性を決め、それに合わせてビジュアルをデザインするとよい。性格特性について考える際に問うべきことを以下に示す。

・ユーザーがシステム自身について質問することを許可するか？（たとえば「あなたの好きな色は何？」）
・無礼や乱暴な言葉にどう対応するか？
・VUIが人間であるという幻想を打ち砕いても構わないか？

一部のバーチャルアシスタント、たとえばCortanaでは、システムが持つユーザーに関するすべての記録にユーザーがアクセスして編集することができる。Business Insiderの「MicrosoftがデジタルアシスタントのCortanaを人間らしくしすぎない理由」[*1]という記事によると、これはCortanaが人間であるという幻想を破壊するものだが、それはMicrosoftにとって問題ないばかりでなく、ツールとしての有用性を高めるのだという。

VUIの性格はシステムのあらゆる行動に影響を与える。どのように質問するか、エラーにどう対応するか、どうやって支援するかなどだ。

Cortanaのライターたちは Cortanaの性格を考えるために多大な時間を費やした。

> われわれのアプローチでは、Cortanaの実際の性格とともに音声を定義している。そこではCortanaをユーザーにどう受け止めてほしいかを明らかにしたうえで、性格の詳細を書き出す。気の利いた（witty）、自信に満ちあふれた（confident）、忠誠心がある（loyal）などの言葉を使って、Cortanaの音声、テキスト、およびアニメーションキャラクターがどう応答するかを描写する。そしてこの定義に基づいて脚本を作り、数千種類にのぼる質問への応答を専門の声優に吹き込ませる。この工程により、単に機械的な応答がプログラムされたソフトウェアではなく、Cortanaを本物の人間のように感じさせる可変性をCortanaに与えている。[*2]

---

*1 Weinberger, M. (2016). "Why Microsoft Doesn't Want Its Digital Assistant, Cortana, to Sound Too Human."
　http://www.businessinsider.com/why-microsoft-doesnt-want-cortana-to-sound-too-human-2016-2/
*2 Ash, M. (2015). "How Cortana Comes to Life in Windows 10."
　https://blogs.windows.com/windowsexperience/2015/02/10/how-cortana-comes-to-life-in-windows-10/

Cortana のライターたちは、一部のユーザーが女性バーチャルアシスタントに当然向けるであろう嫌がらせ質問に対応する戦略まで考えている。Cortana のライター、Deborah Harrison が本書の著者のインタビューに答えてくれた。

> われわれのスタンスは、実世界の嫌がらせ（性的であれそれ以外であれ）に似たものをシステムに持ち込まないことだ。他の多くのシナリオを書く際、われわれはひとつの質問にさまざまな応答を用意する。そうすることで 2 回以上同じ質問をするのが楽しくなるし、ひとつのシナリオにさまざまなニュアンスを持たせることができる。そして尊大、無礼、生意気な質問に対しては、こちらも生意気な応答を返すことにしている。たとえば、ユーザーが「大嫌い」と言えば、Cortana は「よかった、だって今私はさかさまの世界にいるのだから」と言うかもしれない。あるいは「感情は双方向とは限りません」でもいい。もしユーザーが「君は面白くないね」と言ったら、Cortana はひと言「ばかな」とか「たわごとだ」などと言って、怒っていたり驚いている動物の写真を見せる。要するに Cortana はユーザーがネガティブなことを言っただけでは怒ったりしない。しかし、ユーザーが罵るようなニュアンスのことを言い始めたときは、遊ぶのをやめて、それが自分の領域ではないことを明確に伝えるだけだ。まったく返事をしない方がよい、という意見もあるだろうが、それでは少々知性に欠けて見える恐れがある。Cortana は理解している、しかし自分の境界線を設けている——これは彼女の望んだ扱われ方ではない。そして彼女はそのことを恨むことも怒ることもなく、しかし毅然として伝える。
>
> この難問に直面しているデザイナーへの私からのアドバイスは、あなたが設定しようとしている性格特性のデザイン原則について、注意深く考えるべきだということだ。そのときさまざまな観点から考えることができる。たとえば、プロダクトの目標、企業の目標、倫理的目標、社会的目標などだ。これらの観点のひとつひとつが、あなたがさまざまな原則を策定する際にあなたの役に立つだろう。原則は新しいシナリオに直面するたびに進化させ——そして進化させるべきだ——、成長させることができる。しかし会話が起こった際に会話を進めていく補助となるよう、あなたが設定する性格によって何を達成しようとしているのか、そしてどのような性格としてユーザーから認識されたいのかという 2 つの観点から、原則の骨子は定義されているべきだ。

たとえば、選挙が行われた 2016 年、われわれは Cortana が政治とどう向き合うべきかを考えなくてはならなかった。候補者について聞かれたとき、Cortana はどう応答すべきなのか？ 政策は？ 選挙は？ 結局われわれは、上に挙げた観点を通じて表現のニュアンスについて何週間も検討を重ね、民主主義や投票、候補者、政治との関わりについて Cortana がどう感じるかを定義することになった。 注目を集める質問が新たに生まれてくる中、われわれのアプローチの達成を助ける一連の原理が求められている。書き上げるまでにまだ時間はかかるが、Cortana がユーザーからどう認識されるべきかはわかっている。

口汚い言葉にどう対応するかを決めておくことは、VUI に関わる者全員にとって本質的に重要だ。それはデジタルアシスタントが必ず直面する問題でもある。

その一方、ペルソナのデザインで忘れてならないのは、必要以上に個性を出しすぎないことだ。エンターテイメントアプリをデザインしていると、気の利いた会話やジョークのひとつも使いたくなるかもしれないが、Google が突然バーチャルアシスタントにそんな振る舞いを仕込んだらどうなるか想像してほしい。ペルソナのデザインでは一貫性が重要だ。Katherine Isbister と Clifford Nass がこう指摘している。「一貫性を保つことで、他の場面でも次に何が起きるかを予測できるようになる」[*3]

限られたユーザーのためにアプリをデザインするときは、個性に関してもっと自由にすることができる。嫌いな人もいるだろうが、大好きになる人もいる。しかし、幅広いユーザーのためにアプリをデザインするときは、個性に関してより慎重になる必要がある。この場合、大いに好かれることも嫌われることもないよう、わずかな個性を持たせることもある。

アプリで使うアバターや音声をユーザーに選ばせる方法もある。選択肢を与えるのは良いことだが、アバターや声を入れ替えるだけで、他は全部そのままでよいというわけではない。見た目や声が違うことは、性格が変わることを示唆しているので、アバターとのやりとりも変わることになるだろう。理想的には、単に複数の声と複数のアバターを提供するのではなく、いろいろなペルソナを用意して、そこにビジュアル

[*3] Isbister, K., and Nass, C. "Consistency of Personality in Interactive Characters: Verbal Cues, Non-Verbal Cues, and User Characteristics." *International Journal of Human-Computer Studies* 53 (2000): 251-267.

や音声などの異なる要素を加えていくのがよい。ペルソナやアバターのミスマッチは、一貫性の欠如を招きユーザーの不信感を募らせる。

『Voice User Interface Design』（Cohen, Giangola, Balogh 著）は、ペルソナと VUI の学習を深めるための非常に優れた参考書だ。

3.2　VUI は姿を見せるべきか？

　デザイナーがアバターを作るケースで最も多いのが、バーチャルアシスタントだ。ウェブサイトではカスタマーサービスのチャットボットに写真やアバター（図 3-2）を使うことがよくある（話すことも、話しかけることもできないシステムでも）。モバイルバーチャルアシスタントにもアバターがよく使われる。

図 3-2.
ウェブサイトで使われているアバターの例
（左：Jetstar、アニメーションなし、右：CodeBaby、アニメーションあり）

　しかし Google、Siri、Hound、Cortana をはじめ著名な VUI の多くはアバターを持たない。光る円など簡単なビジュアルの合図を使うものもある（1968 年の映画『2001 年宇宙の旅』に出てくる、架空だが非常に対話的なバーチャルアシスタントの HAL9000 には、赤いライトが付いていた）。アバターは、優れたボイスインタラクションを実現するための必須要素ではない。VUI は映像を使わなくても感情を表したり重要なビジュアルフィードバックを返すことができる。Cortana のデザイナーは、意図的に擬人化表現を避けることを選んだ。Microsoft で Cortana の編集ライターを務

めるDeborah Harrisonはこう言う。

> われわれが人間に見えるアバターを使わない理由は、Cortanaが人間ではないことを強調したいからだ。彼女を純粋なデジタル表現として見せる方が、Cortanaの特徴により忠実だ。

優れたアバターを作るためにはデザイン面、開発面ともに多大な作業が必要になる。アバターを作ってくれるサードパーティーを利用してもよいし、自分で作ってもよい。

3.3 アバターを使ううえでやってはいけないこと

Clifford Nassはエッセイ「Sweet Talking Your Computer」の中でこう書いている。

> Clippyの問題は、適切に人間を扱う方法を完全に無視していたことだ。ユーザーが「Dear…」とタイプするたびに、Clippyは「手紙を書いているのですね。お手伝いいたしましょうか？」と律儀に提案してくる。それまで何度ユーザーがこの提案を却下していても変わらない。Clippyは人の名前も好みも一切覚えなかった。もしClippyが人間だったら、嫌悪と冷笑をもたらしていたに違いない。[*4]

Microsoftのアシスタント、Clippyは失敗作だったが貴重な教訓を残してくれた。Clippy（図3-3）はコンテキストを無視する。Clippyをからかったあるマンガで、誰かが手紙をこう書き出した。「Dear World、私はもう我慢できない」。するとClippyが現れてこう言う、「遺書を書いているようですね。お手伝いしましょう」。

もしVUIが鈍感だったら、ユーザーは気づくだろう。Nassは別の実験で、被験者にドライブシミュレーターを「運転」させ、2種類の音声を聞かせた。ひとつは陽気な声で、もうひとつは悲しい声で。悲しんでいる運転手が陽気な声を聞いたとき、悲しい声を聞いた人の約2倍も多く事故を起こした。上機嫌な運転手が陽気な声を聞いているときは事故が少なく、道路に注意を向けていた。声が気分と一致したときは、運転がより楽しくなり、その声をより好きになった。

[*4] Nass, C. (2010). "Sweet Talking Your Computer: Why People Treat Devices Like Humans; Saying Nice Things to a Machine to Protect its 'Feelings.'"
https://www.wsj.com/articles/SB10001424052748703959704575453411132636080

図 3-3.
Microsoft のオフィスアシスタント、Clippy
(訳注：英語版の Microsoft Office では Clippy がアシスタントとして表示されたが、日本語版ではイルカの「カイル」がアシスタントとして表示されていた)

　あなたのアプリが、検索結果を見たりタイマーをセットしたりするだけなら、感情のトーンはさほど重要ではない。しかし、心的状態や健康などに関わる繊細な事柄を扱うアプリでは、それらの状況を認識して適切に扱わなくてはならない。不必要にうれしそうだったり悲しそうだったりすることなく、自然に返答することが望ましい。ユーザーが何を言ったか（したか）を、VUI が「わかっている」ように見せることが重要だ。
　Ann Thyme-Gobble が、22otters というヘルスケアの会社の UI/UX およびデザインの責任者だったときに実施した研究（Mobile Voice 2016 カンファレンスで発表したもの）では、被験者 72 人にビデオを見せ、同じ指示を次の 5 種類のうちひとつの方法で与えた（図 3-4 にその一部を示す）。

・静止画像
・アバターのアニメーション
・アバターの静止画像
・テキストのみ
・（アバターではない）イラストのアニメーション

　被験者は同じプロンプト（音声合成ではなく人間の声を録音したもの）を上記のうち 1 つの形式で聞かされ、どれが好きかを尋ねられる。全般的に、ほとんどの人はイ

図 3-4.
静止画像、アバターの静止画像、イラストのアニメーション

ラストのアニメーションを好んだ。アバターのアニメーションをどう思うかと具体的に聞かれると、40歳以上の人たちはこれが最も良いと評価した。

被験者たちは、目的別にそれぞれの利点を挙げた。たとえば、テキストは薬品の一覧に最適で、イラストは機器の使い方の説明に、アバターは人間関係の構築に適していると答えた。実験ではまず静止画のアバターがそれぞれのトピックを紹介する。これについてThyme-Gobbleは、「声を印象付け、アプリ全体を通じて良いつなぎ役になった」と言っている。

それは小規模ではあったが、アバターが何にでも適しているわけではないことを再認識させる実験だった。可能な限り、VUIのプロトタイプを早く作り、あなたの作ったアバターが魅力的か、それとも気味が悪いかを事前に試しておくことが望ましい。

3.4 アバター（またはビデオ）を使ううえですべきこと

アバターはいつ使うべきか？ このセクションではアバターやキャラクターアニメーションがどんなときにVUIの価値を高め、ユーザーとのつながり（エンゲージメント）を深められるかを解説する。

3.4.1 ストーリーテリング

ストーリーテリングとエンゲージメントは、アバターやキャラクターを活用する最適な場面だ。ユーザーをあなたの世界に引き込みたければ、それがゲームであれ、教育目的であれ、キャラクターを持つことは良い方法だ。ToyTalkの子供向けエンターテイメントアプリ、SpeakaZooの例を見てみよう。それぞれのシーンで、アニメーションの動物が

図 3-5.
ToyTalk の SpeakaZoo

子供に話しかけ、子供が話すターンになるとマイクロホンのボタンが点灯する (図 3-5)。

　キャラクターのアニメーションは、子供たちの反応に応じて応答方法を変える。この場面で、アプリは音声認識さえあまり使ってない——子供が何を言っても同じ反応をすることがしょっちゅうある。それでもアプリは没頭体験を作り出しているが、接触を繰り返すことで子供たちはキャラクターがいつも同じ反応をすることに気づく。

　他にアバターを使うインタラクティブゲームとしては Botanic.io の Merly がある (図 3-6)。Mark Stephen Meadows が Merly を次のように説明している。

> キャラクターの Merly は、子供向けのミステリー寓話の背景説明を担当し、物語から生まれてくる質問に答え、ゲームのプレイ方法を教え、初めて読んだときにはっきりしなかったストーリーの要点をつなぎ合わせていく。それはまったく新しい本の読み方であり、古代ギリシャ演劇の合唱隊のように、誰かが役者と観客の間にある第四の壁 (訳注：演劇の劇中世界と現実世界との境界を表す概念のこと。観客はこの透明な壁を通して、演劇の世界を見る) を壊して物語に解説を加える。ナラティブ (物語の朗読) ボットはその第四の壁を壊す必要がある。インタラクティブ・ナラティブの視点で考えると、

図 3-6.
Botanic.io の Merly

映画やテレビのような受動的物語メディアが VR に追いやられていくにつれ、ナラティブボットの役割はますます重要になってくる。

3.4.2　チームワーク

　アバターがユーザー体験にもたらすもうひとつの恩恵は、ユーザーが仕事を完了するためのチームメイト（共同作業者）を得られることだ。Amazon Echo の Alexa に話しかけるとき、仕事を終わらせるのは Alexa だ。あなたは依頼しているだけにすぎない。

　アバターがいることで、VUI をユーザーが対話しているシステムや企業とは別の存在にすることができる。たとえば、主治医から毎日血圧を測るように言われたとき、看護師アバターが手伝ってくれる。そうやって誰かに依頼された仕事を一緒に完了することができる。

　SILVIA のアバターのプロトタイプ、Gracie（図 3-7）は、ユーザーと一緒に歌うことができる（Gracie はアニメーションのキャラクターである）。Gracie と話したいときは、画面をタップする。

　Gracie は、画面をタップしなくても何かを話し続けるので、ユーザーは本当に会話をしている気分になれる。

図 3-7.
Gracie はユーザーと一緒に歌ってくれる

3.4.3　ビデオゲーム

　ビデオゲームは、ユーザーのバーチャル体験への没入を VUI で強化できるアプリケーションの一例だ。ただし、うまくやる必要がある。

　ビデオゲームの中にはプレーヤーが音声でコマンドを入力できるものがある。たとえば、Yakuza Studio の三人称シューティングゲーム、Binary Domain では、自分のチームに対して「Cover me!（援護しろ！）」「Regroup!（集まれ！）」「Fire!（撃て！）」などのコマンドで命令することができる――ただし仲間がその通り行動するかどうかは、あなたが好かれているかどうかによる（図 3-8）。これらのコマンドはゲーム中いつでも使うことができるが、一定のタイミングでキャラクターがユーザーに質問をして、画面に選択技として表示する。

　システムがコマンドを理解できなかったときは、「わからない。あとで言ってくれ」と言われる。

　Indomitus Games の In Verbis Virtus というゲームは、音声認識を使ってユーザーが呪文を唱えられるようにした。たとえば、ユーザーが「光あれ」と言うと、画面が明るくなる（図 3-9）。

3.4 アバター（またはビデオ）を使ううえですべきこと | 85

図 3-8.
Binary Domain の音声オプション

図 3-9.
ゲーム、In Verbis Virtus では音声を使って呪文を唱える

　興味深いのは、呪文には Maha'ki という架空の言語を使うことだ。まるで魔法の言語で話している気分になるので、いっそう没入感が高まる。実際、多くのユーザーがゲームのこの機能を楽しんでいると報告している。Iridium Studios の There Came an Echo という戦略ゲームでは、4 人からなる小隊を音声コマンドで指揮する

図 3-10.
There Came an Echo の音声コマンドが右上にリスト表示されている

（図 3-10）。気が利いているのが、ユーザー独自のエイリアスを定義できることだ。たとえば、「fire when ready（準備ができたら撃て）」を「burn it down（焼き尽くせ）」と言い換えることができる。キャラクターを別名で呼ぶこともできる。「プッシュトゥトーク」モードと「常時コマンド待ち」モードのどちらも選べる。命令したコマンドは画面上にも表示されるので、どうやってチームを指揮してきたかを振り返ることができる。キャラクターはプレーヤーのコマンドに対して「Yes, sir（イエッサー）」または「You got it（了解した）」と答えるので、ゲームにリアリティーが加わる（命令が通じたこともわかる）。

　There Came an Echo の評価はまちまちだが、音声コマンドのおかげで良いゲームになっている、とユーザーは感じているようだ。これは、YouTube に TotalBiscuit というユーザーが投稿したレビューだ（強調は本書の著者による）。

> 音声コマンドはこのタイトルのきわめて重要な鍵だ。音声コマンドのおかげでペースをつかむことができるが、ゲームをより難しくかつ面白くしているのも音声コマンドだ。それはすべてがリアルタイムで行われるので瞬時に判断しなくてはならないからだ。しかも、音声コマンドにはおびただしい数のクールな要素が盛り込まれている。**実によくできていると思うのは、音声を分相応に使っていることだ。使いすぎることがなく、音声コマンドが正確にすばやく反応よく使える場面に限っている。**これがなければゲームをここま

図 3-11.
There Came an Echo の音声キャリブレーションの設定

で楽しむことはできなかっただろう。このゲームが単なる部品の寄せ集め以上のものになっているのは、音声コマンドシステムのおかげだ。

　この種のゲームのほとんどは、認識精度を高めるためにキャリブレーションを行う（図3-11）。Binary Domain では、ユーザーにさまざまなフレーズを言わせてスコアをつける。これでプレーヤーは、ゲーム中に自分の声が認識される精度を予測できる。
　VUI のビデオゲームへの応用例としては、2008 年発売の Eagle Eye Freefall がある。映画『イーグル・アイ』の公開に合わせて発売された短編のインタラクティブゲームだ。開発したのは Telefon Projekt で、ユーザーがゲームのウェブサイトに自分の電話番号を入力したときから体験は始まる。間もなくユーザーの本物の携帯に電話がかかり、コンピューター上の指示に従って、電話越しに謎めいた声が、さまざまなキャラクターと話すようユーザーに指示を出す。

3.5　VUI でいつビデオを使うべきか

　現在のところ、実際の人間の役者を使って会話のやりとりをする VUI アプリは非常に少ない。本物の顔を使うことは、ユーザーを引きつける非常に強力な方法だが、はるかに多額の費用がかかる。われわれが Volio で作ったインタラクティブ会話システムでは、モバイルデバイス画面の大部分を役者の顔が占め、ピクチャー・イン・ピ

図 **3-12.**
Volio のアプリ「Talk to Ron」

クチャーによる小さな画面にユーザーの顔を映している（図3-12）。

　画面の大部分に役者の顔があることで、ユーザーは非常にパーソナルかつ1対1の体験であるかのように感じる。ユーザーは必然的に役者の言葉に声で応答する。コンテンツがライブではないとわかっていても、画面上で本物の人間と会話を交わしたように感じると、多くのユーザーが報告した。

　しかし技術的には、この種のインタラクションを作るためには綿密に計画を立てる必要がある。本格的な照明のあるスタジオが必要であり、役者はどのテイクでも同じ見た目で、同じ頭の位置でなければならない。このため、あとからコンテンツを修正したり追加したりすることは非常に困難だ。役者を再度手配できたとしても、照明や外観や頭の位置を正確に再現することは容易ではない。

　事前に録画されたビデオにVUIを付加することは、VUI部分もリッチな体験であるときに限り意味がある。次のビデオアプリの例では、ある有名スポーツ選手が質問に答えている。彼は話したあと最後に「何かもっと話してほしいことがありますか？」と尋ねる。すると画面がポップアップして、何を言ってよいかをユーザーに知らせる。たとえば、「『スポーツ』または『フィールドの外』と言ってください」と表示される。ここでユーザーはマイクロホンのアイコンを押し、選択技のひとつを言う。

　ユーザーに選択肢のひとつを言わせても、体験の親密度は高まらない。ぎこちなくて会話的でもない。同じことは選択技をタップするだけでも実現できる。

3.6　ビジュアル VUI のベストプラクティス

ここまでにあなたの VUI で、アバター／キャラクター／役者を使うことが良いアイデアである――または、ない――例をいくつか見てきた。次は、これらを実際に使う際のベストプラクティスを考える。

3.6.1　ユーザーは自分の顔を見るべきか？

ユーザーに自分が応答しているところを見せることによって、親密度が高くなる場合がある。読者は FaceTime モデルをご存じだろう。話している相手が画面の大部分を占め、小さな四角形に自分の顔が写っている。

これを巧妙に使った例が、ToyTalk のアプリ、The Winston Show の物語コンテンツに出てくる。ある場面で、Winston が宇宙船の艦橋に現れて、たった今地球外生命体を見つけたことを発表する。彼は船員仲間に、エイリアンを「画面上に」置くように求める――そこにはアプリを使っている子供の顔が写っている（図 3-13）。

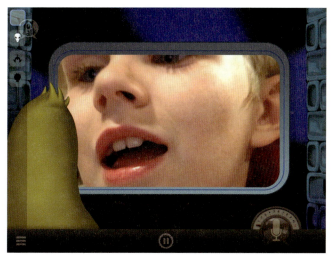

図 3-13.
地球外生命体のサンプル（またの名は著者の息子）

われわれは当社のアプリ、Volio でもピクチャー・イン・ピクチャー方式を採用した。これは、FaceTime や Skype などのアプリのおかげで一般に馴染みのある画面モデルといえるだろう。しかし、中には自分の顔を画面で見たくないというユーザーもい

たので、この機能をユーザーが制御できるようにすることは一考に値する。

3.6.2　GUIの扱い

　もうひとつ重要な問題は、あなたのアバターやビデオにGUI要素を付加するかどうかだ。モバイルデバイスの場合、音声あるいはGUI（グラフィカル・ユーザー・インターフェース）を選択できるようにすることで、どうやって応答するかをユーザーに決めさせることができる。（注：これは、デザインしようとしている体験のタイプによる。Volioのケースでは、GUIの要素はユーザーが困ったとき以外表示されない。これは、できる限り会話の世界を続けてユーザーをつなぎ止めておきたいからだ）。

　図3-14に示したアバターとのインタラクションでは、ユーザーは話しかけることも、ボタンを押して返答することもできる。

図 3-14.
SenselyのGUIによるレスポンスに対して、ユーザーは話してもタップしてもよい

　マルチモーダルアプリ（VUIとGUI両方のUIを持つアプリのこと）をデザインする際に、通常のVUIのタイムアウトは適用できない。ユーザーが話すのをやめてボタンを押すと決めた場合、どのボタンを押そうかとユーザーが考えている間に、突然アバターが「申し訳ありません、理解できませんでした」と言うのでは意味をなさない。この場合は、GUIしかないときと同じように扱う。すなわち、ユーザーが話

すかボタンを押すまで、好きなだけ時間を使わせればよい。

　それでも、あなたのアプリでユーザーが長い時間応答しない箇所があったらログを残しておこう。何か混乱をきたすような問題が内在しているか、あるいはユーザーが応答をためらう理由があるのかもしれない。

　また、GUIはどんなインタラクションでも意味があるわけではない。たとえば、自由形式の質問（「気分はどうですか？」など）で、ユーザーに自然な口調で話してほしいときは、応答可能な選択肢のリストを提示してはいけない。あるいは、非常に多くの選択肢があるとき、たとえば「どの曲を聴きたいですか？」のような質問も同様だ。まず、ユーザーに自然言語で答えさせてみて、何回か失敗したあと、選択肢のリストを提示するかタイプできる方法を提供する。

3.6.3　エラーハンドリング

　もちろんVUIではエラー処理も忘れてはいけない。

　アバターやビデオがあると、何かがおかしくなったときに面白い応答や気の利いた応答をすることができる。たとえばVolioにはコメディアンのRobbieがいて、リクエストに応えられなかったときの応答例で、Robbieが下を向いてこう言う、「私のミスです……携帯電話を見ていて聞き取れませんでした。いつ結婚したと言いましたか？」。このためには、システムを叱るというデザイン原理をまったく新しいレベルへと引き上げる必要があった。

　アバターやビデオは、人間が会話する際の合図としてもうひとつ重要な要素である視線を使うことができる。誰かと話していて相手が目をそらしたら、もう話を聞いていないとわかる。アバターにも同じことをさせることができる。この考えはVolioでユーザーの言葉を聞き取れなかったり、理解できなかったときにうまく利用されている。システムがユーザーの言葉を理解できなかったとき、最初の2〜3回は会話を止めて「理解できませんでした」と言う代わりに、俳優は引き続きユーザーに視線を向けて聞いている。ユーザーに特に何も指示をしなくても、ユーザーは自然に発話を繰り返し、ほとんどの場合システムと会話を続けることができた。

　撮影の際、役者にはセリフを言い終わったあと30〜60秒間「アクティブ・リスニング」を続けてもらう。これをあとでループ再生することができる。このリスニングは誇張しすぎてはいけない。まっすぐ前を見続けて、時折うなずいたり頭を動かすだけでよい。この非言語的コミュニケーションによって、システムが聞き続けていることを、言葉などを使うことなくユーザーに理解させることができる。

ToyTalkのThe Winston Showはアバターを使って子供にシステムとのつきあい方を学ばせる。ユーザーが話すためには、話している間ずっとボタンを押し続けなければならない（ほとんどのスマホアプリでは、ボタンを1回押すだけで話せる）。もしボタンを押したあとすぐに離すと、アニメキャラクターのWinstonが、「おっと、マイクロホンを押していてね！」と言う。私が思うに、ToyTalkがこの方法を選んだのは、小さな子供は普通の「プッシュトゥトーク」がうまくできないので、マイクロホンボタンを指で押し続けさせる（少なくとも指を画面上に置いておかせる）ことで、自分が話すのをアプリが待っていることを意識させようとしたのだろう。これは会話の終端検出への依存が減るという意味でもある。

3.6.4　ターンの交代とバージイン

　従来の自動音声応答（IVR）システムでは、発話者はプロンプトが流れている途中で「バージイン」（割り込み）できるのが普通だった。これはIVRシステムでは非常に便利だ。なぜならIVRではユーザーがメニューを簡単にスキップする方法はなく、全部の選択肢を聞くまで待ちたくないからだ。IVRシステムでは、発信者がバージインするとプロンプトは停止され、ユーザーが話し終わったあと（あるいは無音タイムアウトになると）新しいプロンプトが流れる。

　ビデオの途中でユーザーのバージインを許可するときには注意が必要だ。切り替わった画面で、俳優がひとりで聞いているだけだったら不気味に感じるだろう。ビデオシステムでは、バージインを無効にしておくことをおすすめする。技術面から見て、バージインへの対応は非常に困難だからだ。

　しかし、ビデオシステムとの会話は人間同士の会話に似ているため、ユーザーはあまり割り込んでこない。なぜならユーザーは自分が話すターン（順番）を待っているのであって、コマンドを言おうと待ち構えているわけではないからだ。あなたのビデオVUIで、メニューの選択肢をだらだらと見せ続けることはないと思うが、もしそうしているのなら、役者を使うこと自体を考え直した方がよい。

　ただし、ユーザーが話し始めてもよいタイミングの微調整は非常に大切だ。役者（あるいはアバター）が話し終わる秒（あるいはミリ秒）単位の瞬間に聞き取りを開始することが不可欠だ。なぜなら、ユーザーが話し始める可能性が一番高いのはこのタイミングだからだ。発話の最初の1～2単語を聞き損なうと、理解を誤る可能性が高くなる。今話してもよいということをユーザーに知らせることも重要だ。ユーザーの顔のまわりを緑色でハイライトする（ピクチャー・イン・ピクチャーを使っている場

合）などのビジュアルな方法が考えられる。このモデルのように、ユーザーがボタンを押さずに話すことができる方式では、マイクロホンアイコンを表示することは合図として適切とはいえない。ユーザーが押そうとするかもしれないからだ。マイクロホンのアニメーションは有効だ。いずれにせよ、実際のユーザーで十分にテストすることが大切だ。

　まとめると、このようにビデオシステムにおいてシステムとユーザーが交互に発話する会話スタイルの場合は、次のようなことが必要になる。

- バージインは禁止する
- 役者は自分が話し終わったあと「アクティブ・リスニング」モードに入る
- ユーザーが話すターンであることを示すビジュアルなインジケーターを用意する
- ユーザーのターンであることがはっきりわかるプロンプト（例：質問する、あるいは「もっとあなたについて聞かせてください」などの指示）を用意する
- システムは役者が話し終わると同時に聞き取りを始める

　これらはアバターにも同様に当てはまる。

　ただしアバターの場合は、このようなルールが守られない場合もある。ToyTalkアプリのアニメーションでは、ユーザーが話してはいけないとき、マイクロホンのアイコンに「×」印が表示される。子供が話すターンになると、マイクロホンが光って点滅する。ここではユーザーが子供であり、かつ会話のやりとりというより読み聞かせモードであるため、いつ話すべきかを子供に知らせる必要がある。ここではバージインは一切機能しない。小さな子供はアプリと一緒に話すことが多いので、システムが何か聞こえたと認識するたびに読み聞かせている物語が中断してしまうからだ。

　ユーザーに「プッシュトゥトーク」方式を要求する方法が有効なケースは他にもある。バーチャルアシスタントを使う場合、ユーザーはいつも準備していたことを話すわけではない。多くの場合、ユーザーは短時間のやりとりの中で仕事を済ませたり、情報を得たりしようとするため、ユーザーの割り込みを許可することは重要だ。たとえば、近所のWi-Fiのあるコーヒーショップのリストが欲しいとユーザーが言えば、アプリはリストを作る。このあとまだユーザーが話し続けるかどうか（「午後10時まで開いている店はどこ？」などと言うかもしれない）も、ユーザーの要求が満たされたかどうかもまだわからない。

　この例では、ユーザーが会話を続けるのを「許可する」ことが非常に重要だが、マ

イクロホンを自動的にオンにしてはいけない——会話のペースはユーザーに決めさせること。これは、現存するバーチャルアシスタントのほとんどで用いられている方法だ（Siri、Google、Hound、および Cortana）。

3.6.5　ユーザーとのエンゲージメントと認識のイリュージョン

あなたの VUI がアバターやビデオを使うかどうかに関わらず、ユーザーとのエンゲージメントを維持することは何よりも重要だ。認識のイリュージョンを作り出し、それを維持するにはどうすればよいか？ You Don't Know Jack というトリビア・ゲームの作者らのヒントが役に立つ（図 3-15）。1990 年代終わりにパソコンゲームとして発売された You Don't Know Jack は、のちに Apple Computer の権威ある Human Interface Design Excellence Awards の「最も革新的なインターフェース」および「最優秀総合インターフェース」の両賞を獲得した。

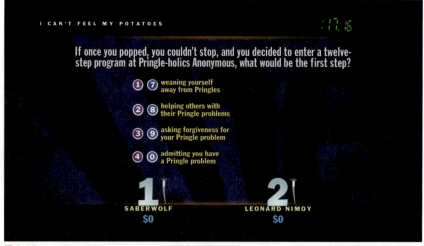

図 3-15.
トリビアゲームの You Don't Know Jack

音声認識は使っていなかったが、まるで人間のホストのいる生放送のテレビ番組のようにユーザーを引き込む驚くべきゲームだった。使っていたコンテンツはすべてあらかじめ録画されていた。このゲームを作った Harry Gottlieb は、「The Jack Principles of the Interactive Conversation Interface」という論文を 2002 年に書いた。

その中で Gottlieb は、会話システムでの認識のイリュージョンを生み出すためのヒントを概説している。具体的には、以下に示す行動に対して、人間の知能と感情を用いて応答することを提案している。

- ユーザーの行動
- ユーザーの非行動（行動しなかったこと）
- ユーザーの過去の行動
- ユーザーの一連の行動
- ユーザーのいる実際の時間と場所
- 異なるユーザー間の状態と行動の比較

どうやってこれを実行するのか？ 2 章で述べたように、過去の記録を取っておくことは非常に重要だ。もしユーザーが霊長類学者の Jane Goodall について情報を要求し、その後に「彼女はどこの大学に行きましたか？」と質問したとき、誰の話をしているのかわからないような態度をとってはならない。

　アバターは、ユーザーのしなかったことや、間違いに対しても反応できる。もしゲーム中の話すべきときにユーザーが何も言わなければ、アバターは腕を組んだり、足を鳴らしたり、「待ってますよ！」と言ったりするだろう。アバターや俳優を使うことによって、より強い「認識のイリュージョン」を持たせ続けることができる。その一例は、ユーザーがスタンダップ・コメディアンと話すことのできる Volio アプリで使われている。俳優は、午前中であれば「こんなに早くから何をしているんですか？」と言って会話を始める。時刻が重要であれば、その情報を使う。営業時間外には、ユーザーを担当者に取り次がない。時刻情報を使えばもっとリアルにできる。Gottlieb は先の論文の中で「認識のイリュージョン」を維持するためのヒントも挙げている。

- 親密さを感じさせるセリフを用いる
- キャラクターがユーザーとインタラクションする際にふさわしい行動をとる
- セリフを繰り返しているように感じさせない
- 同時にいるユーザー数を意識する
- ユーザーの性別を意識する
- 会話のつながりをスムーズにする
- ユーザーのインプットが反映されないキャラクターを登場させない

アバターとの信頼関係を築くもうひとつの方法は、人間の会話の慣習を適宜当てはめることだ。たとえば、ユーザーがコールセンターの担当者と話すために電話してきたとき、通常ユーザーは問題の全体像を説明しようとはしない。標準的ではないやりとりの例を以下に示す。

> 担当者：Acme Cable Company です、お電話ありがとうございます。
>
> 発信者：請求書に 5 ドル 99 セントの請求があって、連邦税とか書いてありますが、こんなものは見たことがないので削除してください。

次の例では担当者が初対面のあいさつをして関係を築き、発信者の気持ちを和らげてから会話に引き込み、信頼を構築する。

> 担当者：Acme Cable Company にお電話いただきありがとうございます。お元気ですか？
>
> 発信者：元気です、そちらは？
>
> 担当者：元気です。本日は何をお手伝いいたしましょうか？
>
> 発信者：請求書について質問があります。
>
> 担当者：はい、承ります。ご不明な点は何ですか？
>
> 発信者：はい、あのー、5 ドル 99 の意味がわかりません……

最初に担当者が、ケーブル会社に関係のない「お元気ですか？」という質問をしていることに注目してほしい。次に、担当者が質問内容を尋ねたとき、発信者が少しずつ話している——まず大まかな話題（「請求書」）、それから具体的になっていく。あなたの VUI システムでも、会話する予定があれば同じことができる。

人は自分について物語風に話したがるものだ。医者に行ったとき、どこが悪いかを初めから詳しく説明する人はあまりいない。代わりに、ひとつずつ打ち明けていく。

私は健康相談のコールセンターでそれを実際に見たことがある。そして、アバターを使うときにもこのアプローチが成功するところを見てきた。ユーザーがいつでも質問の答えや問題の詳細をまとめて口にすると想定していると、システムは理解不能に陥ってしまうことが多い。そうではなく、普通の会話のように断片に分けて尋ねるのがよい。

　会話の始め方については慎重に考えるべきだ。たとえば、Sensely では、「お元気ですか？」という一般的なあいさつで始めることがある。ここから会話のボールが転がり始める——相手は多くの場合簡単に「はい、元気です」と答えるが、もっと立ち入った話をすることもある。このテクニックを利用するときは、簡単な応答とより立ち入った応答の両方のタイプに対応できるようにしておく必要がある。

3.7　アバターを使わないビジュアルフィードバック

　VUI のビジュアルフィードバックはアバターと役者だけではない。あなたの VUI が聞いているとき、考えているとき、あるいは理解できなかったとき、ビジュアルフィードバックを使ってそのことをユーザーに伝えることができる。バーチャルアシスタントの中には、Cortana のようにさらに一歩先を行くものもある（図 3-16）。

　Microsoft のあるデザイナーが、Cortana のビジュアルな「ムード」について次のように説明している。

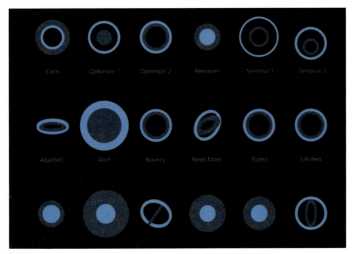

図 3-16.
Cortana さまざまな「ムード」（画像出展元：http://genieblog.ch/）

企画段階でかなり議論したことのひとつに、Cortana を具現化するために実際の図形を導入するかどうかの判断があった。通知に色を使うことから単純な幾何学的図形や本格的な人間風のアバターまで、さまざまなコンセプトを検討した。最終的に、343（Halo! を開発しているスタジオ）のクリエイティブチームと協力して、単なる声だけより Cortana を生き生きと感じさせるコンセプトに着地した。Cortana は、感情や状態の組み合わせに基づいて、さまざまな質問にさまざまな答えを返す。Cortana がユーザーの質問に正しく答えて喜んでいるとき、Cortana はそのことをユーザーに知らせる。Cortana がユーザーの質問を理解できなかったときは少しがっかりする[*5]。

果たしてこの青いリングのバリエーションは役に立つのだろうか？ それぞれのリングを脈絡なしに見せられたユーザーが、そのときの Cortana の感情や取りかかっている仕事を言い当てられるとは思えない。しかし時間がたてば、ユーザーが無意識のうちにそれらを結びつける可能性は十分にある。人間はパターン認識が得意なので、たとえば「聞いている」アイコンのようによく使われるものは早く覚える。図 3-17 のように、Amazon Echo（モバイルアプリではなくデバイス）は、その円筒形の本体の上部にある青いライトを使って、今自分は聞いているということをユーザーに伝える（ユーザーがウェイクワードの「Alexa」を言ったあと）。これは、ユーザーに話してもよいことを伝える、地味だが効果的なやり方だ。そのあと 5 秒間、Alexa が何も聞かないとライトが消える。

一方、Alexa がまったく処理できないことをユーザーが言った場合、ライトのパターンが変わり、「end」サウンドが流れるので、ユーザーは Alexa が聞こえたけれども理解できなかったことがわかる。これは、別の部屋にいる場合など、直接対面していない人と話すとき特に便利だ。理解できなかったときの応答方法がもうひとつある。これは Alexa が、ユーザーから要求か質問があったことは確かだが、意味を理解できなかったり、要求を完了できなかったときで、その場合はライトが別のパターンで点灯し、Alexa は「すみません。よくわかりません」などと言う。

「ファミリー・ロボット」と宣伝されている Jibo は、人間のように見せることなく、さまざまな個性を持っている（図 3-18）。小さな円筒の上に丸い頭部が乗ったものが回転する台に乗っている。その「顔」は画面になっていて、ハートなどのアニメーショ

[*5] Ash, M. (2015). "How Cortana Comes to Life in Windows 10."
https://blogs.windows.com/windowsexperience/2015/02/10/how-cortana-comes-to-life-in-windows-10/

図 **3-17.**
Amazon Echo の青いリングは、ユーザーが話すべきタイミングを点灯して知らせる

図 **3-18.**
ロボットの Jibo

ンを表示できる。

　Jibo は音声コマンドに反応し、音声合成（TTS）を使って言葉で応答する。Jibo はユーザーの情緒的反応を引き起こすように設計されている。オンラインマガジンの Mashable のレビューはこう書いている。「Jibo は家電ではない、仲間だ。人間であるオーナーと対話することができ、喜ばせるような反応をする」[*6]

[*6] https://mashable.com/2014/07/16/jibo-worlds-first-family-robot/#4.9RRJAV7sqt

しかし、注意点もある。Jiboは確実に感情を呼び起こすが、それはあらゆる状況に適しているといえるだろうか？　たとえば、健康アドバイザーとして使えるだろうか？

3.8　声を選ぶ

VUIの声を選ぶことも重要な検討課題だ。音声合成を使うのか、録音済みのプロンプトを使うのか。声は、あなたのVUIデザインにとってきわめて重要な要素だ。

> まず、デザイナーは声の配役を「明瞭さ」や「声質」だけで選ぶべきではない。音声を割り当てるキャラクターやエージェントの行動、態度、言語などとの一貫性にも注意を払う必要がある。これには直感以上のものが必要になる可能性が高い。音声はユーザーが評価する必要がある。そうすることで一貫性を保ち検証することが可能になる。なお、音声の配役に失敗すると、音声がないよりも悪い結果を招く可能性が高い。音声は、望むと望まないとに関わらず、社会的意味を持つことになる。[*7]

この話題については5章で詳しく解説する。

3.9　アバターの利点

最後にアバターを使うことの利点と欠点を考えてみよう。あなたのVUIにアバターを使うかどうかを決める際の参考になるはずだ。

まず、VUIでアバターを使うことの利点から見てみる。第一に、アバターはユーザーとのエンゲージメントを強くする。

南カリフォルニア大学のクリエイティブ技術研究所（以下、USC ICT）で実施された研究で、被験者は「あなたは何歳ですか？」「何に幸福を感じますか？」など一連の質問に答えるように指示された。被験者は、バーチャルキャラクターのアニメーション、バーチャルキャラクターの静止画像、および音声のみの3つのグループに分けられた。

質問は全部で24問あり、被験者は12問以上答えなくてはならず、24問全部に答えてもよい。24問すべてに答えた被験者の人数は、バーチャルキャラクターのアニ

[*7] Nass, C., and Reeves, B. *The Media Equation*. (Stanford, CA: CSLI Publications, 1996), 177.

メーションに尋ねられたグループが最も多かった。また、被験者の回答は、バーチャルキャラクターのアニメーションに尋ねられたときの方が平均よりもずっと長かった。

USC ICT の別の研究で、被験者は兵役のあとに PTSD（心的外傷後ストレス障害）を発症した人たちを助けたことのあるバーチャルアシスタントと話した。被験者は、相手が人間よりもバーチャルアシスタントの方が情報を打ち明けやすく感じたと報告した。おそらくバーチャルアシスタントの方が批判的でないからだろう。

Sensely でも似たような経験があった。そこでは慢性的な健康障害を持つ人たちの支援にバーチャルナースを使った。患者たちは頻繁にアバターを呼び出しては、ストレスを感じたときのことや健康状態について話していた。

単純な顔でも感情的反応を呼び起こすことがある。笑顔の顔文字からわずか1〜2本の線が変わるだけで、人に悲しみや驚きや怒りを感じさせることができる[*8]。さらに、「話者の顔を見ないで話を聞くことは確かに可能だが、人は顔と声の一致に関して明確かつ強い先入観を持っている」。[*9] 誰もがある程度相手の唇を読んでいる。相手の口が見えないと、相手が話していることを理解することは難しくなる。

アバター会社の Botanic の社長である Mark Stephen Meadows が、いつアバターを使うべきかについて次のように書いている。

> どんなときに直接人に会うべきで、どんなときに電話で話すだけでよいのだろうか。われわれはいつも電話で話していて、声だけで問題なくやっている。しかし、ほとんどの人は時間さえ許せば直接対面することを好む。その方がより多くの情報を得られる。その方が楽しく、はかどるし、誤解も少ないし、信頼と共感という人間的な価値を生み出す。つまりは、利用場面やユーザーや個別の事情によるということだ。

彼はアバターのことを VUI の GUI と呼ぶ。Meadows は、アバターがもたらすもうひとつのことを思い出させてくれる――アバターとどうやりとりすればよいかを教えてくれるパーソナリティのヒントだ。

> 病院やホテル、レストランなどに行くと、従業員たちにはそれぞれのパーソナリティ、すなわち役割があり、それを演じきっていることがわかる。これ

[*8] Nass, C., and Reeves, B. *The Media Equation*. (Stanford, CA: CSLI Publications, 1996), 177.
[*9] Nass, C., and Brave, S. *Wired for Speech*. (Cambridge, MA: The MIT Press, 2005), 176-177.

は、われわれが誰とどうやってつきあえばよいかを知るための重要なヒントだ。従業員が特定の服装、特定のやり方で行動することによってインタラクションの枠組みが作られる。そこには力関係の階層構造さえあり、それが行動や服装にも反映されている。ホテルに行くと、受付係や支配人や客室係がいる。空港には、キャビンアテンダント、パイロット、整備士がいる。レストランなら、ウェイトレス、シェフ、皿洗い係だ。そして病院へ行くと、受付係、医者、清掃係がいる。これらの役割が体験とインタラクションの枠組みを作る。だから私はGUIがあるかどうかは気にしないが、バーチャルアシスタントにはパーソナリティが必要であり、そこからバーチャルアシスタントとのつきあい方がわかる。こうしたパーソナリティは、それぞれの外観にも反映される。

支配人もパイロットもシェフも医者も、それぞれ特定の服装をしているので、見ればどの役割の人なのかがわかる。これはアーキタイプと呼ばれるもので、アバターをデザインする際には頭に入れておく必要がある。

ユーザーは、たとえアバターの顔がなくてもコンピューターを擬人化する。ユーザーは人間同士のインタラクションについて知っていることを機械にも適用する。Clifford Nass がこう言っている。

> 人はコンピューターやその他のテクノロジーに応答するとき、人間とやりとりするときと同じことを期待し、同じ社会ルールを適用する。こうした行動は、衝動的な反応ではない。広く、深く根付いた行動だ [10]。

人は礼儀正しさをコンピューターにも拡張することが、Nass がスタンフォードで行った実験からわかっている。

コンピューターから指導を受けたあと、被験者の半数はコンピューターの仕事ぶりについて、同じコンピューターから尋ねられ、半数は部屋の反対側にある同一機種のコンピューターから尋ねられた。驚くべきことに、指導を受けたコンピューターに対して回答した被験者の方が、部屋の反対側のコンピューターに回答したグループより、

---

[10] Nass, C. (2010). "Sweet Talking Your Computer: Why People Treat Devices Like Humans; Saying Nice Things to a Machine to Protect its 'Feelings.'"
https://www.wsj.com/articles/SB10001424052748703959704575453411132636080

有意にプラスの評価をした。参加したのは特別に繊細な人々ではない。コンピューター・サイエンスと電子工学の大学院生で、コンピューターに礼儀正しくすることなどないと全員が言い張っていた。

　健康・医療やエンターテイメントのように高度なつながりを必要とするシステムをデザインする人は、アバター、あるいは少なくとも顔の利用を考えた方がよい。

　情緒的要素の少ない作業、たとえば会議をスケジューリングしたり、映画を選んだり、買い物リストを作ったり、検索クエリを書いたりするときは、アバターは必ずしも必要ではなく、むしろ気を散らす原因になることもある。

3.10　アバターの欠点

　ここまでアバターを使うことで得られる利点をいくつか紹介したところで、反対に欠点も見てみよう。

　まずアバターを使うためには多くの追加作業が必要であり、しかもアバターがうまく動作しないとユーザーを苛立たせたり、やる気をなくさせる恐れがある。瞬きするだけで感情的反応も感情の認識もしないアバターは、障害でしかない。

　本書の執筆時点で、バーチャルアシスタント分野のアバターはその大半が女性であり、たいてい若くて魅力的だ。バーチャルアシスタントをアダルトエンターテイメントアプリ向けに作っているのではない限り、これにこだわる理由はない。最近私がダウンロードしたバーチャルアシスタントでは、若くて魅力的なマンガの女性がデフォルトのアバターだった。彼女はときどき瞬き（あるいはウィンク）する以外ほとんど何もしなかった。そのアプリでは別のアバターを選ぶこともできるのだが、一覧に出てきたのは薄着の女性たちだった。あと犬もいた。

　もしアバターを使うつもりなら、それを誰にするかは十分時間をかけて考えるべきだ。ユーザーの好きに選ばせてはいけない。まずアバターの主要な性格特性を決める。アバターは高圧的なのか、思いやりがあるのか？ プロフェッショナルなのか？ 知識豊富なのか？ 初めにペルソナを作り、次にその中身を物語るアバターをデザインする。ペルソナで大切なのは外見だけではない。あなたのVUIがどのように話したり返事をするかにも影響を与える。VUIの雰囲気が変わったときは、ペルソナやプロンプトも変わるべきだ。あなたのVUIにアバターが入っているときは、次の質問群に答える必要がある。アバターのどの部分を見せるのか：顔だけ？ 顔と上半身？ それとも全身？ 2次元なのか3次元なのか？ 感情表現は何種類見せられるか？ リップシンク（セリフに合わせた口の動き）はどのように実装するのか？ アバターは画面

全体を占めるのか、一部分だけか？いずれの要素もユーザーがあなたの VUI に対してどのように応答し、やりとりするかに影響を与える。

　アバターをデザインするうえでひとつ気を付けるべきなのは、個性的すぎる性格特性はマイナスの効果を生むということだ。Thyme-Gobble がこう言っている、「ペルソナが個性的であれば個性的であるほど、ユーザーの反応は両極端に分かれる」。

　性格特性が個性的だと、そのキャラクターをすごく気に入る人もいれば、大嫌いになる人もいる。アバターがある方が断然いいというユーザーも、そうでないユーザーもいる。アプリによってはそれでもいいかもしれない——ときには万人向けにアプリをデザインしない方がよいこともあり、代わりにそんな「強い」個性を喜ぶ人たちのグループに特化してアプリをデザインする方が好都合かもしれない。たとえば、特定のゲームのファンなら「キャラクターどおり」の性格特性を持ったアバターが好きかもしれない。一方、あらゆるユーザー層が使うパーソナルアシスタントのアバターなら、極端な性格特性は抑えた方がよい。

　もうひとつ、ユーザーが欲しがるものを推測してはいけない。たとえば、誰もが男のアバターより女のアバターを好きだと仮定してはいけない。いつもどおり、アバターの選択やプロンプトについては、できる限り多くユーザーテストを行うこと。アバターのくせが強すぎると——たとえば、やたらにスラングを使う——ユーザーがどう応答するのかを予測することが難しくなる。

3.10.1　不気味の谷

　もうひとつ、アバターをデザインする際に気を付けるべきなのは、不気味の谷に落ちないことだ。不気味の谷というのは、人間とよく似ているがちょっと違うものを見たときに感じる恐怖心のことだ。図 3-19 には、不気味の谷へと向かうくぼみがある。たとえば谷底にはゾンビがいて私たちを非常に不安にさせる。

　不気味の谷を避けるひとつの方法は、アバターを写実的にしない、あるいは人間以外の動物などにすることだ。

　Meadow が指摘しているように、録音された人間の声とマンガの組み合わせは私たちの「不気味の谷」センサーを刺激しない。Pixar の映画を思い浮かべてほしい。

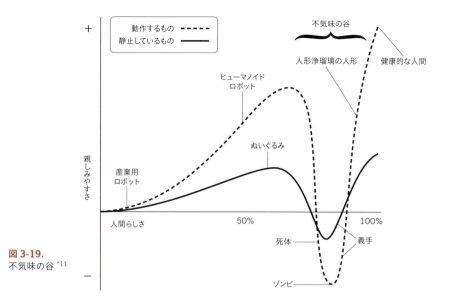

図 3-19.
不気味の谷 [*11]

　アバターの表情が、表現すべき言葉や感情と一致していることが重要だ。さもないと耳障りで不快に感じる。その一例をSophiaというロボットとの会話に見ることができる。Sophiaは「私は人間の良いパートナーになれそうです」と言うが、最後にあざ笑うような口をする（図3-20）。これでは彼女の言葉に誠意を感じるとはできない。何の表情もないよりも悪い結果だ。Nassがこう言っている、「表情と言葉は一致している必要がある。さもなければだまそうとしていると思われる」。[*12]

3.11　結論
　VUIにビジュアル要素を入れるかどうかの決断には時間をかけるべきだ。クールだからというだけでアバターを使ってはいけない。あなたのシステムは会話的か？ エンターテイメント性はあるか？ 共感的か？ いずれもアバターや役者を使う有力な

[*11]　By Smurrayinchester: self-made, based on image by Masahiro Mori and Karl MacDorman at http://www.androidscience.com/theuncannyvalley/proceedings2005/uncannyvalley.html（訳注：現在アクセス不可）, CC BY-SA 3.0, https://commons.wikimedia.org/w/index.php?curid=2041097
　　（訳注：次のページも参考になる。https://ja.wikipedia.org/wiki/不気味の谷現象）
[*12]　Nass, C., and Brave, S. *Wired for Speech*. (Cambridge, MA: The MIT Press, 2005), 181.

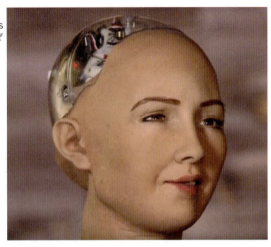

図 3-20.
Hanson Robotics の Sophia——なぜあざ笑うのか

候補の条件だ。

　アバターに投資することは容易なことではない。独自のアバターを作るためには、そのためだけのデザインチームが必要になるが、サードパーティー製のアバターを使うこともできる。アバターに感情を持たせて、かつ不気味に見えたり同じジェスチャーを繰り返したりしないようにするのは困難な挑戦だ。なぜアバターを使いたいのかをよく考え、プロトタイプでユーザーテストを行い、正しい方向に進んでいることを確認すること。

　本物の役者を使うことで非常に魅力的な体験を作ることができるがそれにはコストを伴う。すべてスタジオで撮影し、1回で成功させなければならないからだ。

　たとえ顔がなくても、バーチャルアシスタントは大きな成功を収めることが可能だ。ただしその場合は別のビジュアルフィードバックを活用して、システムがいつ耳を傾けているかをユーザーに知らせる必要がある。

4 章
音声認識技術

　ここまで VUI の多くの重要なデザイン要素について書いてきた。音声認識技術そのものについては、まだ深く立ち入っていない。本章では技術面を詳しく検討し、読者が VUI をデザインする際に音声認識技術を取り入れられる（かつ活用できる）ようになることを目的とする。合わせて、デザインの意思決定を説明する際、VUI を支える技術に自信を持って言及する能力も身につけることも目的とする。

　VUI を作るためには、ある重要なコンポーネントがアプリに必要となる。それは自動音声認識（ASR：automated speech recognition）だ。ASR とは、ユーザーが話したことをテキストに翻訳する技術のことを言う。

4.1　音声認識エンジンの選択

　では ASR を利用するためのツール（以下、ASR ツール）はどうやって選ぶのか？まず、ASR ツールには無料のサービスとライセンス料が必要なサービスとがある。中には、開発段階では無料だが、商業利用のためにはライセンス料の支払いが必要なものもある。

　本書の執筆時点で、有料の音声認識には著名なものがふたつある。Google と Nuance だ。この分野の他の選択肢としては、Microsoft の Bing やウェブサービスの iSpeech がある。

　無料の ASR ツールには、Web Speech API、Wit.ai、Sphinx（Carnegie Mellon 大学製）、Kaldi などがある。Amazon は独自のツールを持っているが、現時点では Amazon Echo のスキルを作るためにのみ利用できる（訳注：2018 年 8 月現在では、Amazon Transcribe という、AWS のひとつとして Amazon Echo のスキル開発以外の用途でも利用できる。https://aws.amazon.com/jp/transcribe/）。

Wikipediaには、音声認識ソフトウェアの詳しいリストが載っている（https://en.wikipedia.org/wiki/List_of_speech_recognition_software）。

複数の音声認識エンジンを提供している会社もある。たとえばNuanceは、医療アプリや口述筆記など、用途に応じて異なるASRツールを用意している。音声認識エンジンを選ぶ際に注意すべき重要なポイントはふたつある。

・データセットと精度の堅牢性
・終端検出の性能

音声認識市場に新規参入しようとする企業はしばしば苦戦を強いられる——技術は優れているかもしれないが、大企業が長年かかって集めたデータを持っていない。そのため、適用分野によっては、認識性能が思ったほど良くならない。

時として技術者は、音声認識の精度に注力するあまり、もうひとつの重要な要件を忘れることがある。それは優れた終端検出技術だ。終端検出とは、人がいつ話し始め、いつ話し終えたのかをコンピューターが知るということを難しく表現した用語だ。終端（あるいは発話の終わり）検出の優れた音声認識エンジンを選ぶことは成否を左右する重要な問題だ。本章の少しあとに詳しく説明する。

システムをデザインする際、最低価格のツールを使いたい誘惑にかられることがあるだろうが、注意が必要だ。認識精度が低かったり、終端検出が雑だったりするとユーザー体験は著しく損なわれる。「かなりよくできた」認識なら十分だと思うかもしれないが、ユーザーはすぐに苛立ちを重ね、あなたの製品を使わなくなる。

もうひとつ注意すべきことがある。N-best出力や終端検出タイムアウトなどのパラメータ設定、語彙のカスタマイズなどの重要な機能は、どの音声認識システムにも入っているわけではない。

4.2　バージイン

音声認識技術の中で、VUIのデザインに大きく影響を与えるもうひとつの要素がバージインの利用だ。すなわち、システムが話している最中にユーザーが割り込むことを許可するかどうかだ。

バージインは、自動音声応答（IVR）システムでは有効になっていること多く、ユーザーはいつでもシステムに割り込むことができる。システムは、どんな種類であれ音声を検出すると、そのとき話していたプロンプトを直ちに中止して聞き取りを開始す

る。以下に例を挙げる。

銀行 IVR：送金、残高照会、支払い……

ユーザー：［割り込んで］残高照会

　IVR の世界では、バージインは大いに意味がある。メニューやオプションの項目が多いときに、いつもユーザーを待たせるのは無駄だ。ユーザーが頻繁に利用する IVR システムでは特にそうだ。バージインを可能にする場合、プロンプト中の空白時間や質問の配置には特別な注意を払わなくてはいけない。失敗する例をいくつか見てみよう。

VUI システム：ご用件は何でしょう？ ［1 秒間の静寂］次…

ユーザー：ええと…

VUI システム：［システムが話し続ける］…の中… ［しかし、ユーザーがバージインしたので中断］

ユーザー：［システムを使うことをやめる］

　この例では、システムが最初の質問をしたあと、ひと息入れた。その瞬間にユーザーは話し始めたが、またその瞬間にシステムが次の指示について話し始めた。ここでユーザーは、システムが話し終わる前に割り込んだことに気づいて、自分が話すのをやめたが、もう遅かった。システムも話すのをやめてしまった。会話は崩壊し、ユーザーを元の軌道に戻すためにはエラーハンドリングが必要になる。電波状態の悪い携帯電話で誰かと話しているところを想像してほしい――直接話すときには存在しない明らかな時間差があり、両者の会話がしばしば重なり合う。
　この例にはもうひとつ問題がある。システムがユーザーに質問すれば、当然ユーザーは応答する。質問した直後に、追加情報を提供することは避けるべきだ。なぜならユーザーは質問に答えようとして、プロンプトが終わらないうちに話し始めてしまうからだ。システムは、まずできることをリストアップしてから質問するのがよい。

VUI システム：残高照会、資金の移動、あるいは担当者と話すことができます。ご希望の操作をお話しください。

　バージインは時間のかかるアクションを起こしたり、多くの情報を読み上げるシステムにとっても大変都合がよい。たとえば、Amazon Echo が音楽を鳴らしているとき、ユーザーはいつでもバージインして「Alexa、止めて」と言える。バージインがなければ、演奏中の曲を音声コマンドで止める手段はない。

　ただし従来の IVR システムとは異なり、Alexa はどんな音声を検出したときにも話すのをやめるわけではない——ウェイクワードを検出したときだけだ。これを、ホットワードあるいはマジックワードと呼ぶこともある。特定のキーワードやフレーズを認識しない限り、システムは演奏や話すことをやめない。これは実にうまいやり方だ。場面によっては特に威力を発揮する。Alexa に、Pandora の特定のラジオステーションをかけるよう頼んだところを想像してほしい。並行して、あなたは家族とおしゃべりをしている。おしゃべりで何か言ったとき Alexa に「すみません。何と言いましたか？」と言われるのは最悪のユーザー体験だ。代わりに Alexa は、自分のウェイクワードを確実に聞き取るまで、黙って無視している。

　ホットワードは IVR システムでも使われるが、特定の文脈に限られる。その一例は、サンフランシスコ・ベイエリアの 511 IVR システム（私が VUI のリードデザイナーだった）に見ることができる。ユーザーは交通情報や推定所要時間などを電話で問い合わせることができる。道路の名前を言うと、システムが関連のある交通情報を探してユーザーに向けて読み上げる。私はユーザーが次の事故情報へとスキップできるようにしたかったが、車内の騒音などが割り込んでシステムを止めてしまうのが心配だった。交通情報を 10 件聴いている途中にくしゃみをしたら、システムが停止して「すみません。聞き取れませんでした」というところを想像してほしい。初めからやり直しだ！

　それでは困るので、ホットワード技術を利用して、読み上げている間は「次へ」や「前へ」などいくつかのキーワードだけを認識するようにした。ユーザーが話すと、システムは通常のバージインモードのようにすぐにプロンプトを中止するのではなく、決められたキーワードを認識するまで話し続ける。キーワードがあったときに限り、話すのをやめて次のアクションへと移る。

　ホットワードが有効な別のケースとして、ユーザーがアクションを完了するために会話を中断する必要がある場合が考えられる。ユーザーが質問に答えるために何かを取ってこなくてはならないようなときだ。たとえば薬の追加を依頼している途中で処

方箋番号を調べに薬の瓶を取りに行く場合。システムが「処方箋番号を探すために時間が必要ですか？」と尋ね、ユーザーが「はい」と言ったら、システムはユーザーに、戻ったら「ただいま」または「続き」と言うように指示を出し、実質的に会話を一時停止する。

音声のみではないVUIシステムの場合、バージインは必ずしもおすすめできない。録画しておいたビデオを使う場合、バージインは使うべきではない。そのときビデオをどうすべきかを判断するのが困難だからだ。役者が話しているビデオはすぐに止めるべきか？ そこで中断されたとき用に撮っておいたビデオに切り替えるべきか？

VUIシステムにアバターやビデオがいると、人間同士の会話とよく似ているためか、ユーザーは概して礼儀正しく、システムが話し終わるのを待つことが多い。アバターやビデオが話している間にユーザーが第三者と話すこともあり、その場合ユーザーはアバターが聞いているのを期待していないことは明らかだ。

システムがバージインを許可していない場合、長いリストや長いメニューを聞くことをユーザーに強いてはならない。代わりに内容を何段階かに分け、ビジュアルなリストを使って認知的負荷を緩和する。たとえば、ユーザーが7種類のビデオタイトル一覧からから選ばなくてはならないとき、全部を声に出して読み上げるのは良い考えではない。代わりに、図4-1（112ページ）のように、ビジュアルな情報表示を利用できる。

ユーザー：Show me the funniest clips with orangutans.
オランウータンのいちばん面白いビデオを見せて。

GOOGLE：Here are some matching videos.
これがマッチしたビデオです。

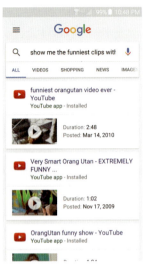

図 4-1.
Google はビデオタイトルのリストを読み上げる代わりに画面に表示している

　一連のタイトルを全部声に出して読み上げるところを想像してほしい。ユーザーが画面を見ることができない（視覚障害など）理由がない限り、画面に表示した方がずっと円滑に進む。

　バージインについて最後にひと言。ASR ツールを使ってバージインの感度を微調整することができる。具体的には、感度を低くするほどユーザーはバージインしにくくなる。

4.2.1　タイムアウト

　VUI システムは、ユーザーがいつ話しているかに注意を払うだけでなく、ユーザーがいつ話すのをやめたのかを知ることが大切である。誰かが質問や応答を終えたことを検出することは、優れた VUI 体験を作るために不可欠な能力だ。さもないと、ユーザーは自分の言ったことをシステムが聞き取ったかどうかの確信が持てない。そうなればシステムへの信頼を失うだけでなく、システムとユーザーが話したり止まったりと、ちぐはぐなダンスを始めて、会話は困難になる。わずかな遅延のあるビデオチャットを体験したことがあるだろうか？ 小さなことに思えるが、相手の話がいつ終わったのかわからなければ、まともな会話をするのは困難かつ苦痛だ。

4.2.2　終端検出のタイムアウト

前にも述べたように、優れたVUI体験にとって最も重要なもののひとつが優れた終端検出だ。終端検出とはユーザーがいつ話し終わったかをシステムが検出するという意味だ（会話で話者のターンが終わったときを検出することともいえる）。

音声認識エンジンの中には、終端検出タイムアウトと呼ばれるものを設定することで、終端検出を調整できるものがある。終端検出タイムアウトとは、ユーザーの音声が途切れてから、システムがユーザーは話し終えたと判断するまでの時間を指す。

どの音声認識エンジンでも終端検出タイムアウトを設定できるわけではないが、デフォルト値が何秒かを知っておくと役に立つ。1.5秒間の空白は、VUIのほとんどの応答に適用できる目安だ。短すぎると、ユーザーが話し終わる前に途切れてしまう。長すぎるとユーザーは自分の言ったことをシステムが聞いたかどうか不安になる。

このタイムアウトの調整を利用したくなる場面がいくつかある。使い勝手の良いVUIシステムのほとんどが、状態に応じて異なるタイムアウト値を設定できるよう柔軟に作られている。たとえば、ユーザーから始めた会話（「OK Google」と言ったりiPhoneのボタンを押してSiriを起動した場合）のタイムアウトは、システムが発話した「お元気ですか？」に対する応答のタイムアウトより短くする必要がある。ユーザーから会話を始めた場合は、イベントを開始したのはシステムではなくユーザー自身なので、ユーザーは自分が何を言うつもりかを正確に知っている可能性が高く、長い中断は必要ない。システムから会話を始めた場合は、ユーザーは話したり止まったりするかもしれない。たとえば、「はい…前は元気でしたが、今は…頭痛がします」などだ。この場合、タイムアウトが短すぎるとユーザーは話し終わる前に遮られることになり、これは会話では非常に無礼な行為だ。

他に長い終端検出タイムアウトが必要なケースとして、クレジットカード番号のようにグループ分けされている数字を読む場合がある。読む人は自然に区切りごとにひと息つくので、そこで割り込みたくはない。

適切にタイムアウトを調整する最善の方法はデータを利用することだ。人が実際に言ったことを書き起こしてみることで、ユーザーが文の途中で遮られることの多い箇所を見つけることができる。このケースでは、終端検出タイムアウトを長くする実験をするとよいかもしれない。

タイムアウトを長くすることが有効な分野の一例は、ユーザーがたくさん話したり、ためらう可能性の高いときだ。たとえば、自動車事故の詳細を話すよう保険会社がユーザーに依頼する場合がそうだ。おそらくユーザーは、記憶をたどり時折り息をつきな

がら複数の文を話すだろう。

　状況によっては、終端検出タイムアウトを短くする方がよいこともある。ユーザーが「はい」か「いいえ」などと言うだけの場合、タイムアウトを短くすることで、てきぱきとした反応のよい会話になる。

4.2.3　無音タイムアウト

　もうひとつの重要なタイムアウトは、無音検出（NSP：no speech detected）のためのタイムアウトだ。これを終端検出タイムアウトと区別して扱うべき理由はいくつかある。

- ・NSPタイムアウトは終端検出タイムアウト（通常10秒程度）より長い
- ・NSPタイムアウトはVUIシステムによって異なるアクションにつながる
- ・システムアナリストが、問題のありかを確かめるのに役立つ

　IVRシステムでは、認識機能がユーザーの応答を聞き始めてから一定時間音声を検出しなかったとき、NSPタイムアウトが発生する。そのあとどうするかはVUIデザイナー次第だ。IVRシステムの場合、「すみません。聞き取れませんでした。出発はいつですか？」などのエラーメッセージを流してユーザーが話すのを待つのが普通だ。

　NSPタイムアウトが起きたときに何もしないシステムもある。たとえば、「Alexa」と言ってAmazon Echoを起動したあと何も言わないと、約8秒後にデバイスの頭部の青いライトが消え、Alexaは黙ったままでいる。
「OK Google」（図4-2）では、約5秒待って何も言われないと、その場面でユーザーの言えることの見本を画面に表示する。たとえば「ピザハットに電話をかけて」「ネコの写真を見せて」（インターネットの最も多い使い方）などだ。SiriとCortanaも、タイムアウトのあとに例を示す（図4-3と4-4）。

　2章にも書いたように、何もしないことが最良のデザイン選択になる場合もある。この場合ユーザーはシステムに聞かれなかったことが明らかなので、普通はもう一度話しかける。

　これらの例——いずれもNSPタイムアウトのあとユーザーに明示的なプロンプトを出さない——では、VUIで現在よく使われているさまざまなモードを見ることができる。多くのバーチャルアシスタントはいまだに「1回限り」モードだ。ユーザーが何か言うのを待って、それに応答すれば、ユーザーが新しい要求を開始しない限り

通常それで会話は終わる。IVR の世界では、ユーザーは会話の最中なので、さらに入力を得ないと先へ進めない。だから NSP タイムアウトでユーザーにプロンプトを出すことは理にかなっている。

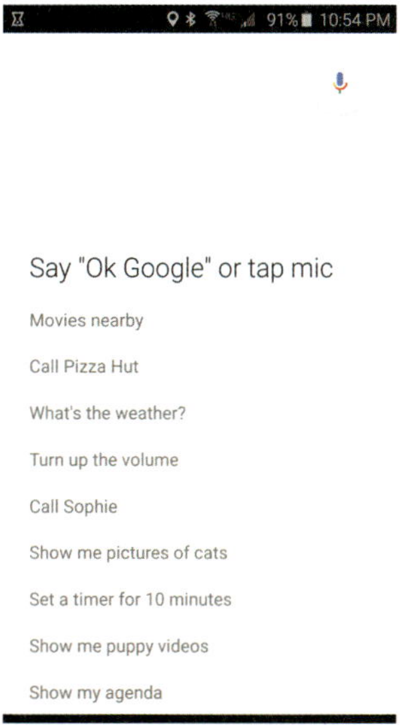

図 4-2.
OK Google の NSP に対する応答：話してよいことの見本を一覧表示する

図 4-3.
Siri も NSP に対して話せることのリストを表示する

図 4-4.
Cortana の NSP 対応：名前を呼んでユーザーを出迎え、話してよいことを提案する

　2章および3章で取り上げた何もしなくてよい場合のもうひとつのケースは、システムでビデオかアバターを使用しているときだ。ユーザーの言葉を聞き取れなかったとき、システムは待っているかのように見せ続ける。これは人間同士の会話で相手の言うことが聞こえなかったときに見せるしぐさだ。

　ただし、ユーザーが困って NSP タイムアウトになった場合は、さらに配慮が必要だ。アバターのいる会話システムで、NSP タイムアウトが繰り返し起きるときは、ユーザーに脱出方法を与えるべきだ。システムがすでにグラフィカルユーザーインターフェース（GUI）で画面にボタンなどを表示しているならそれで十分だ。GUI はユーザーがアクションを起こすまで待つことができる。ウェブサイトを想像してほしい。そこにはタイムアウトは存在しない（コンサートのチケットを買うときは別だが）。

　しかし、音声のみのシステムでは「ジャストインタイム」のヘルプを使おう。その一例は、Volio が開発した撮影済みビデオを使った Esquire 誌の iPad アプリで実装されている。アプリは Esquire 誌のコラムニストである Rodney Cutler との会話を模して、ユーザーにヘア製品に関するアドバイスを与える。会話の最中、ユーザーの顔は画面右上隅のピクチャー・イン・ピクチャーウィンドウに映し出される。ユーザーが話す番になると、顔の写っている枠が緑色に変わる（図4-5）。

　声が検出されなければ、何も起きない——役者は「アクティブ・リスニング」状態

図 4-5.
NSP タイムアウトが数回続いたあとに現れる「ジャストインタイム」ヘルプ。ユーザーに視覚的に呼びかける

図 4-6.
NSP タイムアウトの回数が重なると、ドロップダウンリストに選択肢が表示される

を続け、ときどきうなずいたりユーザーを見たりする。

　最初のやりとりの中で複数回 NSP タイムアウトが発生したら、次のキャプションが表示される、「何か言ってください。あなたが話す順番です」。

　このアプリの別の会話では、ユーザーがデートに来ていく服についてコラムニスト

のNick Sullivanに話す場面がある。この例では、誤認識やNSPタイムアウトが複数回起きたあとアプリで何が起きるかを示している。まず、右上隅のアイコンがゆっくり点滅する。それをユーザーがタップすると、ドロップダウンリストに選択肢が表示され、ユーザーは項目にタッチして先へ進める。その後ウィンドウは消える（図4-6）。

　システムをデザインする際には、なぜNSPタイムアウトが起きるかをよく考えてみてほしい。まず、システムは何も聞いていないと思ったが、それは間違いだったかもしれない。実際にはユーザーが話したにもかかわらず、認識プログラムに拾われなかったことも考えられる。

　デザイナーによっては、「もっと大きな声で話してください」とか「マイクロホンに近づいてください」といったプロンプトを作ることがある。しかし、これは非常に苛立たしい結果を招きかねない。声が小さすぎたときにもっと大きな声で話すように言えば、ユーザーは個々の単語を極端にはっきり発音しようとするだけで、めったに問題は解決しない。そうではなく、ユーザーを次のステップに誘導する方法を中心に考えてデザインすべきだ。多くの場合、ユーザーにもう一度繰り返させるか、NSPタイムアウトが続いたあとなら、別の入力方法を提供する。

　ユーザーが実際に何も言わなかった場合ももちろんある。ここでも、デザイナーとして、なぜそうなるかをよく考えることだ。もし、アプリの特定の箇所でユーザーが黙っていることをデータが示せば、そのやりとりをよく調べる必要がある。以下の例は、ユーザーがインターネットプロバイダー（ISP）の料金を払うためのアプリで、NSPタイムアウトが頻繁に起こる質問の場面だ。まず、対応の悪い例を見てみよう。

ISPのVUI：アカウント番号を言ってください。

ユーザー：[沈黙]

ISPのVUI：すみません。聞き取れませんでした。アカウント番号を言ってください。

ユーザー：[沈黙]

ISPのVUI：また聞き取れませんでした。アカウント番号を言ってください。

ご想像の通り、これでは良い結果につながらない。なぜならシステムはユーザーを何も助けていないからだ。システムは質問を繰り返しているだけだ。

なぜこの質問に限ってNSPタイムアウトが多いのか考えてみてほしい。たとえば、そのユーザーは料金を払おうとしているが、自分のアカウント番号を知らなかった場合を想像してほしい。彼らに何ができるだろうか？ 次は、ユーザーが先に進むことのできる例だ。

ISPのVUI：アカウント番号を言ってください。

ユーザー：[沈黙]

ISPのVUI：すみません。聞き取れませんでした。お客様のアカウント番号は請求書のいちばん上に書かれています。番号を言うか、入力するか、あるいは「わかりません」と言ってください。

ユーザー：わかりません。

ISP VUI：わかりました。代わりにお客様の電話番号または住所からお調べします。

この例の良いところはどこだろうか？ まず、アカウント番号は請求書があればそこに書いてあることをユーザーに教えている。次に、アカウント番号を知らないときや見つけられないときに別の方法で先へ進めるようにしている。

4.2.4 話が長すぎる

頻度は少ないが、もうひとつ存在しているタイムアウトは話しすぎ（TMS：Too Much Speech）によるものだ。これは、ユーザーが通常なら終端検出タイムアウトが起きるような空白を開けることなく、非常に長い時間話し続けた場合に起きる。一般にほとんどのシステムはこの状況に対応する必要がない。ユーザーはどこかでひと息つく必要があるからだ。それでも、配布されたアプリケーションではこうした状況が起きることを想定しておくのはよい考えだ。認識システムが不明瞭な音声に反応した可能性があるため、原因を追究する必要があるからだ。

しかし、ユーザーに長く話をさせるシステムをデザインして、発話が長く続きすぎた

場合には、TMS タイムアウトを設定し、会話を先へ進めるためにユーザーを遮ることも必要だ。TMS タイムアウトの決定にはデータを見るのがいちばんだが、7〜10 秒程度のあまり短すぎない（簡単にはユーザーを遮らない）値から始めてみることもできる。

4.3　N-best リスト

さまざまな種類のタイムアウトに続いて、今度はシステムが何かを「認識した」ときに返す結果について詳しく検討する。

通常認識エンジンは、ユーザーが言ったと思われることに関してひとつだけ結果を返すわけではない。代わりに N-best リストと呼ばれる、ユーザーが言ったかもしれない言葉のリストを、可能性の高い順に並べて（通常ベスト 5 または 10）信頼度のスコアとともに返す。たとえばあなたは、ユーザーが自分の好きな動物について話すアプリをデザインしているとする。

> 私の好きな動物 VUI：So, I really want to know more about what animals you love. What's your favorite?
> あなたの大好きな動物について、ぜひ、もっと知りたいと思っています。何が好きですか？
>
> ユーザー：Well, I think at the moment my favorite's gotta be…kitty cats!
> ええと、いま私が好きなのは…子猫！

ではここで、システムの裏側をのぞいてみよう。この時点で ASR ツールは、自分が実際に認識したもののリストを返すので、アプリは次にどうするかを決めなくてはならない。N-best リストを見てみると、信頼度の高い順に発話内容が並んでいる。音声認識エンジンは、大文字小文字の区別や句読点を返すとは限らないことにも注意されたい。

1. WELL I THINK AT THE MOMENT MY FAVORITES GOT TO BE FIT AND FAT
2. WELL I THINK AT THE MOMENT BY FAVORITES GOTTA BE KITTY CATS
3. WELL I HAVE AT THE MOMENT MY FAN IS OF THE KITTY

4. WELL I HAVE AT THE MOMENT MY FAN IS OF THE KITTY BAT
5. WELL THAT THE MOMENT MY FAVORITE IS GOT TO BE KIT AND CAT

あなたは動物の名前を探すようにシステムをデザインしているので、cat、dog、horse、penguin、caracal、等々の有効な見本の一覧を持っている。もしVUIが、N-bestリストの最初の項目しか見なければ見本の一覧と一致する文言を見つけることができず、システムに「一致せず」を返してしまう。その結果、ユーザーには「すみません。聞き取れませんでした……好きな動物は何ですか？」のようなプロンプトを聞かせることになる。対して、N-bestリストを利用すると何ができるだろうか？最初の結果と見本の一覧が一致しなかったときは、次に進む——そこでcatを見つける。成功だ！

N-bestリストが有効なもうひとつのケースは、ユーザーが情報を収集するときだ。N-bestリストがなければ、同じ誤った選択肢を何度でも提示することになる。

旅行VUI：出発する都市はどこですか？

ユーザー：Boston。

旅行VUI：Austinですか？

ユーザー：いいえBostonです。

旅行VUI：Austinですか？

ユーザー：違う、Boston！

旅行VUI：…Austin？

想像できると思うが、たちまちVUIがうっとうしくなる。しかし、もしVUIがN-bestリストを活用していれば、スキップリストに従って除外することができる。たとえば、次回最初の項目がAustinだったら、リストの次の項目に進める。

4.4　音声認識の課題

　ここまで、音声認識エンジンの持つ最高の機能を活用する方法について話してきた。今度は、テクノロジーがまだそこまで追いついていない場面についても話さなくてはならない。データによってはASRの精度は90％とされているが、それは理想的な条件下での数字であることを忘れてはならない。理想的な条件とは、成人男性が静かな部屋で高性能マイクロホンを使うという意味だ。

　そして、実際の環境ではそうはいかない……。

　このセクションではVUIのデザインに独特な課題を取り上げる。その多くは、VUIデザイナーにとって制御不能である。テクノロジーが改良されるのを待つこと以外にすべき仕事は、今どんな課題が存在しているかを知り、そのうえで現段階でできる最高のデザインをすることだ。

4.4.1　ノイズ

　ASRツールにとって最大の課題はノイズ（雑音）の処理だ。たとえば、高速道路を走っているときや、混雑したレストランにいるとき、あるいは水飲み場の近くで聞こえるような連続ノイズ。また、ユーザーが話したそのときに起こるノイズもある。犬が吠えたり、キッチンで料理をしているときに熱したフライパンに野菜を入れたりする音などだ。

　他にも、アプリが聞き取っているときにユーザーが友達や同僚と話すことや、背後に流れるテレビの音、複数の人が同時に話すことなどの課題がある。

　先ほど言ったように、こうした課題に関してVUIデザイナーとしてできることはあまりない。成しうる最善の努力は、ユーザーは何らかの理由でシステムに理解されない場面に遭遇しうる、ということを覚えておくことだ。デザイナーにできるのは、この本に書かれているテクニックを駆使してこの問題を可能な限り緩和することだけだ。アプリによっては問題が何であるかを推測して、ユーザーに騒音の少ない場所に移動するようすすめたり、マイクロホンに近づくように言ったりするものもあるが、予測が外れてユーザーを煩わせる危険が大きすぎる。そうではなく、エラー処理として音声以外の方法を提供することでユーザーが先へ進めるようにすることに集中すべきだ。

　音声技術の進歩は目覚ましい。私が混雑したレストランにいてバンドが演奏しているときでも、スマートフォンアプリのASRは検索クエリを理解した。携帯電話の内蔵マイクロホンの性能が、良くなっていることも大いに貢献している。

4.4.2　複数話者

Reddit というウェブサイトで danieltobey という投稿者が、自分の携帯電話で「OK Google」と言うと立ち上がる機能を無効にした理由を説明している。

> 私は数人の同僚とともに小さなオフィスで働いている。全員が Android のスマートフォンを持っている。ある日、全員が「OK Google」を有効にしていることに気がついた。（静かなオフィスで）誰かがささやくより大きな声で「OK Google」と言うたびに、全員のスマートフォンが立ち上がり聞き取り始める。
> 言うまでもなく、そのあとすぐ全員がこの機能を無効にした。「OK Google、ランチバッグを持って帰ることをリマインドして」と言えるのはありがたいが、他の全員も私のランチバッグを持ち帰るように言われるのはありがたくない。

テクノロジーが進歩してユーザーが自分の声にだけ反応するように端末を学習させることができるようになっても（執筆時点で Google はこれの原始的なバージョンを動かしている）、誰が話しているかを識別することは VUI にとって依然として困難だ。ユーザーが（「Hey, Siri、カリフォルニア州ウォールナットクリークで最上級のレストランを教えて」）と言っている最中に同僚が話し始めたら、コンピューターは誰の話を聞くべきかどうすればわかるだろうか。

しかも、Karen Kaushansky が 2016 年に O'Reilly Design Conference の講演で話していたように、これには付随する問題がある。私が何かを依頼したとき、どのデバイスが応答すべきなのか？ Apple Watch と iPhone を持っていて、車も音声コマンドに反応するという状況を想像してほしい。運転中に「昨日のゲームのスコアを教えて」と言ったら、どのデバイス（あるいは車）が応答すべきだろうか？（図 4-7）

図 4-7.
どのデバイスが音声に応答すべきか：スマートウォッチか、スマートフォンか、自動車か？
（写真は K. Kaushansky の許可を得て掲載）

答えは単純だ。ふさわしいものが答える。この話題は 8 章で取り上げる。

4.4.3　子供

　現時点で、子供（小さな子供は特に）の声は ASR ツールで正確に認識することがずっと難しい。理由のひとつは、子供は声道が短く、そのために声のピッチが高く、その種類の音声データがずっと少ないことだ（状況は変わりつつある）。もうひとつ、小さな子供は脱線しやすく、口ごもったり、長い間黙ったり、同じことを繰り返したりする傾向が強い。

　子供専用のアプリをデザインするときは、そのことを心に留めておいてほしい。ここで役に立つデザイン原理がふたつある。

- ゲームや会話アプリをデザインするときは、100%完全に理解できなくも会話を先へ進められるようにする。たとえば、Matel と ToyTalk の Hello Barbie（図 4-8）は次のように尋ねる、「大きくなったら何になりたい？」。確実に認識できたこと（「獣医さん」や「IT 企業の CEO」など）に対する応答に加えて、一致しなかった場合の一般的な応答として、「それはいいですね。私は宇宙園芸家になりたいです」などとバービーに言わせることもある。特定の応答が用意されて

いなくても、会話は自然に続いていく。

図 4-8.
Mattel と ToyTalk の Hello Barbie（http://hellobarbiefaq.mattel.com/）

・情報が必要な場合は、画面表示を利用する。たとえば、痛みをコントロールするアプリが子供にどこが痛いかを尋ねるときは、人間の体の図を見せて、痛みを感じる場所を示させることができる。こうした方法はあらゆる年齢の大人にも適用できるが、子供には特に有効だ。

4.4.4　名前とスペリングと英数字

　ASR ツールにとって、特に難しいタイプの応答がある。「yes」や「no」のように非常に短いフレーズは、「Yes, I will.」や「No, thank you.」などの長い答えよりも認識するのがずっと難しい。これは、短い発話ではツールが処理するデータが少ないからだ。ユーザーに、ロボットみたいな話し方ではなく自然な話し方をすすめることで、認識の精度が高くなることがよくある。

　最近では、ASR ツールの持っているコンテキストは多ければ多いほどよい、というのも理由のひとつになっている。ASR ツールは、言語について、また人が実際には何と言うかについて実に多くのことを学習し、この情報を使って自分のモデルを改善していく。図 4-9 では、人が話しているそばからツールが認識結果を変えていく様子を見ることができる。

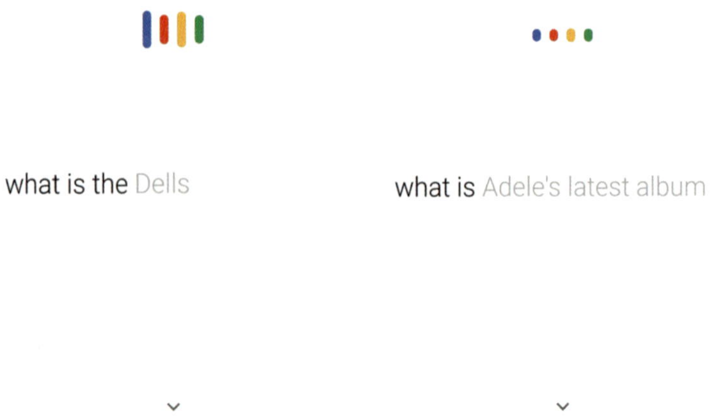

what is the Dells   what is Adele's latest album

図 4-9.
私が「What is Adele's latest album」と言うそばから、OK Google の認識結果が、「what is the Dells」から「what is Adele's latest album」へと動的に変化していく

　名前とスペリングと英数文字列も難物だ。これこそが、GUI を持っていることが極めて役に立つ場面だ。この種の項目をユーザーに入力してもらうことで、高い精度を確保することができるからだ。名前が扱いにくいのは、種類が膨大なうえに、同じ名前でもさまざまなスペリングが存在するからだ。「Cathy（キャシー）」を例にとってみよう。もし私が自分の名前を言って、システムが「Kathy（キャシー）」と認識して私の予約を探そうとすれば失敗することになる。名前を 1 文字ずつ読んだ場合でさえ理解するのは大変だ。だから音標文字というものがある。軍や警察関係者がよく使う、alpha（アルファ）、bravo（ブラボー）、Charlie（チャーリー）、などのことだ（訳注：https://ja.wikipedia.org/wiki/NATO フォネティックコード）。
　ユーザーがこの方式を使ったとき——あるいは GUI オプションが利用できないとき——、最良の策は既知のデータを活用することだ。例をいくつか挙げる。

・クレジットカードのチェックサム（番号の並びが有効なクレジットカード番号であるかどうかを調べるアルゴリズム）

・登録ユーザー名のリスト

・郵便番号の検証（与えられた郵便番号、たとえば英国であればNG9 5BLが有効な郵便番号形式に沿っているか）

・現在わかっている位置に最も近い都市名

事前に収集したこれらのリストとコンテキストを活かすことで、実行時に不正な結果を切り捨てて、可能性の高い候補の優先度を上げることができる。

4.5　データプライバシー

　ついにユーザーがあなたのアプリを使い、データの収集が始まるとき、それは非常に楽しみな時間だ。あなたは、人々が自分のシステムに向かって何を言ったのかを知り、その情報を使ってシステムを改善するのを楽しみにしている。しかし、まず基本的なプライバシーチェックを忘れてはならない。たとえ善意のつもりでも、それでOKとはならない。

　本人が意図して渡したデータ以外は保存してはいけない。ウェイクワードを検出するために、音声を連続的に聞いているデバイスでは、ウェイクワードより前にユーザーが話したことを保持してはいけない。ユーザーはプライバシーを期待しているし、その権利があるので、このデータはたとえ匿名であっても保持したり保存したりすべきではない。音声で起動されるデバイスが家庭で使われる機会が増えるにつれ、プライバシーを尊重し、ユーザーを安心させるための標準を定めることが重要になってくる。

　Amazon Echoは、ウェイクワードである「Alexa」を待ちながら常に聞き耳を立てているが、音声認識はローカル、すなわちデバイス上で行われている。「Alexa」が認識されない限り音声は捨てられる。ウェイクワードが認識された時点で認識前までの音声は捨てられ、認識後の音声はクラウドベースの認識システムに引き継がれる。ファミリーロボットのJiboも同じ方式をとっている。常に聞き続けているが、ユーザーが「Hey, Jibo」と言うまで音声データは保存しない。

　MattelとToyTalkのインタラクティブなHello Barbieは、ベルトのバックルを押したときだけ聞き耳を立てる（プッシュトゥトーク、「押して話す」方式）。このため、子供がおしゃべりをしていたとしても、ベルトのバックルを押していなければそのおしゃべりを聞いてはいない。

システムに問い合わせられたデータ——すなわちユーザーがアプリやデバイスに対して話したこと——については、ユーザーを特定できる情報はすべて削除されていることを確認すること。音声サンプルを持っていてもよいが、アカウント番号や誕生日などと関連付けてはいけない。アプリケーションログの認識結果からも、秘密情報を削除することを考えるべきだ。

4.6　結論

　VUI デザイナーとして、自分がデザインしているテクノロジーの基盤を理解しておくことは重要だ。ASR ツールの長所と短所を知ることで、自分のアプリが他社アプリを性能面で先んじることが可能になる。認識精度の優れたシステムを使うことは、物語の一部にすぎない。認識結果にまつわるデザインこそが、優れたユーザー体験を作る決定的要素だ。

　バージイン、タイムアウト、終端検出、およびさまざまな環境における課題を理解することで、実現しうる最高の VUI を作る手助けになるだろう。

5章
高度なVUIデザイン

　2章ではVUIデザインの基本について述べた。本章では、VUIを実用的かつ使用可能なツールというだけではなく、それ以上のものにするための話題を取り上げる。具体的には、最も魅力的で、使いやすく、成功するシステムを作るために何をすべきかを検討する。

　SiriとAmazon Echoは人気の高いVUIの実例だ。最近Echoはそのインターフェースについて数多くの称賛を受けている。ふたつのシステムは多くの点でよく似たことができるのに、なぜEchoの方が優れたユーザー体験だといわれることが多いのだろうか？ ひとつの理由は、Echoが当初から音声を前提としてデザインされていたことだ——音声は唯一の目的だった。それに対してSiriは、iPhoneを操作するもうひとつの方法にすぎない。

　Kathryn Whitentonは「一方Echoは、音声による操作を何よりも優先している」と述べている。彼女は以下のように続けている。

　検索クエリに音声入力を使うことでウェブ検索を高速化する、というSiriの能力は確かに意味がある。しかし、ユーザーの質問をウェブ検索として解釈しようとする傾向は、その他の作業をするときのエラー率をむしろ高めかねない。機能の焦点を絞ったEchoの利点は、複数のタイマーが必要な場面（料理では珍しいことではない）でいっそう明らかになる。新しいタイマーの設定を要求されると、Alexaは容易に対応する。「2番目のタイマーが40分に設定されました。今スタートします」。これに対してタイマーをひとつしか持たないSiriはたじろいでこう言う。「タイマーはすでに動いていて現在9分42秒です。変更しますか？」

　しかし、短時間の作業では、最初にコマンドを聞き損なうと状況は容易に変化する。デジタルタイマーをちらっと見たり、部屋の向こうへ歩いていって照明のスイッチを

入れるといった既存の物理的手段と比べて、ボイスシステムは面倒で時間のかかるものになってしまう。

　新しい技術が既存ツールを有効に置き換えるためには、仕事が速くかつ簡単にならなくてはならない。短時間の作業では、音声検出のエラーが起きるとそれが不可能になる[*1]。

　これまで検討してきたことの大部分はVUIの音声認識部分に関連するものであり、自然言語理解（NLU：natural-language understanding）ではない。音声認識の結果とは、認識エンジンが返す単語列のことであり、その返ってきた単語列をNLUが解釈する。現在では音声認識の精度が向上した結果、優れたVUIを作ることの難しさは技術そのものよりもNLU、すなわち入力データをどう扱うかにある。

　それではまず、VUIが入力に対して応答するさまざまな方法を見てみよう。

5.1　音声入力に応じた分岐

　本書ではこれまで、有効な音声入力が複数ある場合の扱いについて、あまり時間を割いてこなかった。入力はどれも同じではない。ユーザーが何と言うと予測するか、それをどう扱うかは、ターンごとに異なる。

　ここでは基本となる応答から始め、そこから先へ進むことにする。

5.1.1　制約のある応答

　システムはときとして非常に基本的な質問をする。たとえば、「フライトの予約をしますか？」とか「好きな色は何ですか？」などだ。この種の質問に対する応答は非常に制約されている。前者の場合、「はい」か「いいえ」の変化形に注目していればよい。後者の質問の場合は、受け入れ可能な色のリストがあるはずだ。もしユーザーがこの狭い領域から外れたことを言えば、処理はされない。

　制約された応答の例をいくつか示す。

- はい：はい、うん、そうです、もちろん
- いいえ：いいえ、ううん、いや、違います
- 色のリスト：赤、黄色、青、緑、紫、マゼンダ、ピンク、白、黒、黄緑色、栗色、灰色

[*1] Whitenton, K. (2016). "The Most Important Design Principles Of Voice UX."
https://www.fastcompany.com/3056701/the-most-important-design-principles-of-voice-ux

自動音声認識ツール（ASR）から認識結果が返ってきたとき、まず単純なチェック作業が行われる。認識結果の中に、予測リストにある項目が現れたか？たとえば、ユーザーが「はい。フライトの予約をしてください。」と言ったなら、「はい」があるので一致する。作業は完了だ。

制約された応答の例をさらにいくつか挙げる。

- 「探しているレストランの名前を教えてください」
- 「目的地はどこの都市ですか？」
- 「主な症状は何ですか？」
- 「聞きたい曲は何ですか？」

この中には、リスト自体は長いものもあるが、それでも制約されたカテゴリーであり、結果はひとつしかない。

同じことを表す複数の表現をひとつにまとめてマッピングするときは、あとに続くプロンプトがどのように聞こえるかに注意しておく必要がある。私が見たあるチャットボットは、「Do you understand what that means?（それが何を意味するか理解できますか？）」と質問するとき、3種類の応答を想定していた。「That's deep.（深いですね）」「Not really.（あんまり）」「Lame.（くだらない）」。そして私がタイプした「yes」という応答を「that's deep」にマッピングした。これは、フローの観点からは十分理にかなっている。本質的に意味は変わらない。しかし次のプロンプトが、「I fail to see what depth has to do with it.（深さが何に関係するのか理解できません）」だったため、「yes」に対する応答としては奇異に感じた。

よくある誤認識結果を正しく修正することも重要だ。たとえば「fine」という単語はしばしば「find」と認識される。私は「How are you?」に対する応答でこれが起きるのをよく見かけた。

[注記]
音声認識では、短い単語の方が長い単語に比べて認識や扱いが難しい。このため、「I am fine.」の方が、単に「fine」だけよりも正しく認識される可能性が高い。

これを解決するために、そのような状態では単語「find」を「fine」にマップすることができる。別の例では、ユーザーが、「What is the pool depth?（プールの深さはどれだけ？）」と聞いたのに、認識エンジンが「what is the pool death（プールの死とは何？）」と返したケースがある。もしこれがよく起きるのであれば、「pool death」を受け入れ可能なキーフレーズとして追加するのがシンプルな方法だ。また、N-best リストを使うこともこの問題の解決に役立つ。「pool depth」はリストのあとの方に出てくる可能性が高いので、最初の一致を選ぶのではなく、より関連性の高い一致が見つかるまでたどっていくことで、VUI の精度は自動的に改善されるだろう。

5.1.2　オープンスピーチ

　会話的 VUI アプリ（一度限りだけではない）で特に有効な方法として、われわれ（私、Mark Anikst、Lisa Falkson の 3 人）が Volio で開発した、会話を自然に進行させたいけれども入力そのものは処理しなくてもよい、という場合のためのテクニックがある。
　たとえば Volio のコメディーアプリにこんな会話が出てくる（Robbie Pickard 作）。

> **コメディアン**：やあ、ずいぶん早起きだね。オレはコメディアンだ。いつも昼まで寝てるぜ。何してたんだい？
>
> **ユーザー**：早起きしてしっかり朝食を食べたよ。
>
> **コメディアン**：うらやましいね。オレなんて朝 6 時に工事の音で起こされちゃったよ。

次は同じアプリだがユーザーの応答が違う場合。

> **コメディアン**：やあ、ずいぶん早起きだね。オレはコメディアンだ。いつも昼まで寝てるぜ。何してたんだい？
>
> **ユーザー**：やれやれ、仕事だよ。
>
> **コメディアン**：うらやましいね。オレなんて朝 6 時に工事の音で起こされちゃったよ。

この場合、ユーザーの返す応答は会話の後続部分にとって重要ではないので、一般的な応答をしておくのが適切だ。

もうひとつの方法は、そのユーザーの応答をあとで誰か（たとえば医者）が聞くということを相手に知らせることだ。

バーチャル看護師：頭痛の今の症状を教えてください。

ユーザー：はい、夜始まって2〜3時間続いています。

バーチャル看護師：わかりました。お医者様に伝えておきます。

これは情報を自然に、そして会話的に取得する優れた方法だ。VUI が会話の内容を直接扱わない場合にも有効だ。その場合、この情報を誰が確認するのかをユーザーが明確に知っていることが重要で、さもないと信用を裏切ることになる。

5.1.3　入力のカテゴリー分け

場合によっては、ひとつのカテゴリーに特定の項目を入れるよりも、「良い」と「悪い」、あるいは、「嬉しい」と「悲しい」のように幅広いカテゴリー分けの方が望ましいこともある。その場合、探すべき応答は個々の項目ごとにではなく、カテゴリーに対してマッピングする。

気分はいかがですか？

・嬉しい：嬉しい、幸せ、すごくいい、ワクワクしている、良い
・悲しい：悲しい、落ち込んでいる、悪い、楽しくない、落ち込んでいる

VUI はこれらを個別の項目としてではなく、カテゴリーとして扱うことができる。

バーチャルコンパニオン：気分はどうですか？

ユーザー：ええと、実は少し落ち込んでいます。

バーチャルコンパニオン：それは残念です。何か話したいことはありますか？

バーチャルコンパニオンは、「落ち込んでいるみたいですね」とは言っていないことに注意されたい。この場合、ユーザーの落ち込んだ気持ちの表現を正確に確認する必要はない。ただ受け入れて返事をするだけでよい。

5.1.4　ワイルドカードと論理的表現

特定のキーワードやキーフレーズに注目することは非常に大切だが、NLU（自然言語理解）の次の段階にレベルアップするためには、より複雑な仕様に対応することが有効だ。ワイルドカードを使うことで、個々に指定することなく特定の単語群をまとめて指定できるので、柔軟な対応が可能になる。

ワイルドカードを使えば、同じ単語を繰り返し指定することができる。

- 私のコンピューターは本当に * 遅い（「私のコンピューターは遅い」「私のコンピューターは本当に遅い」「私のコンピューターは本当に本当に遅い」）
  （訳注：「本当に」という言葉をワイルドカードとして指定している）

論理的表現によっても、認識精度を高めることができる。たとえばコンピューターの問題を抱えているユーザーを助けるために技術サポート VUI を作っているところを想像してほしい。あなたは次のようなキーフレーズのリストを作るところから始めるかもしれない。

- ブルースクリーン
- インターネットにつながらない
- パスワードを忘れた
- プリンターで印刷できない

あなたはすぐに、この種の問題を表現する方法には実にさまざまな種類があり、全部を書き出すことは膨大な作業になると気づくだろう。しかし、そこには共通するパターンがある。AND と OR の機能を追加することで、次のような書き方が可能になる。

- Forgot AND password（"My dad forgot his password again," "I don't remember my password…I forgot it."）
  忘れた AND パスワード（「父がまたパスワードを忘れた」「パスワードを覚えて

いなくて……忘れた」)

これらはいずれも、膨大な準備をすることなく認識精度を大きく高めるのに役立つ。

5.2　曖昧さ

そして複雑さに関する次の段階へとレベルアップする。曖昧さだ。

人間は常に明快というわけではない。人間同士で話すときでさえ、相手の言ったことを理解できたことを確かめるために、補足質問をしなくてはならないことがよくある。あなたがカフェで働いているとき、客が歩み寄ってきて「ラージをください」と言ったところを想像してほしい。その客がコーヒーを注文していることはほぼ間違いないと思うが、他の商品も扱っている場合、補足質問をする必要がある。たとえば「ラージサイズですね。コーヒー、紅茶、ジュースのうちどちらですか？」。

当然、VUIも同じ状況に遭遇する。

5.2.1　情報不足

先ほどの「ラージ」とだけ言って注文した例でわかるように、人はシステムが仕事を完了するために十分な情報を与えてくれるとは限らない。スプリングフィールドの天気を尋ねた例を見てみよう。アメリカにはスプリングフィールドという名前の市や町が34か所ある。もし私がアメリカにいて「スプリングフィールドの天気は？」と言ったら、システムはどこの州かを尋ねるべきだ。この例について考えていたとき、私はバーチャルアシスタントを何種類か使って、どう対応するかを調べてみた。どれひとつとして曖昧さを回避しなかったことに私は少々驚いた。試してみた7機種すべてが、都市をひとつ選び、補足質問をしなかった！（ただし、全部の機種が「スプリングフィールドの天気は？」を正しく認識した。それは結果が画面に表示されたのでわかった）。私はカリフォルニア州にいるが、表5-1が明確に示しているように、バーチャルアシスタントたちが選んだ都市のバリエーションは驚くばかりだ。実際、ある機種は州の名前を言わずに「スプリングフィールド」とだけ言ったので、私はいまだにどれが選ばれたのかわかっていない（図5-1）。

表 5-1.
7つのバーチャルアシスタントが選んだスプリングフィールドのバリエーション

バーチャルアシスタント名	認識した場所
Hound	オレゴン州スプリングフィールド
Cortana	イリノイ州スプリングフィールド
Api.ai Assistant	イリノイ州スプリングフィールド
Siri	ミズーリ州スプリングフィールド
Google	ミズーリ州スプリングフィールド
Alexa	オーストラリア　セントラル・コースト
Robin	スプリングフィールド（州は不明）

図 5-1.
Robinが選んだのがどのスプリングフィールドなのか、私には見当がつかない

このケースをもっとうまく扱う例をデザインしてみよう。

　ユーザー：スプリングフィールドの天気は？

　バーチャルアシスタント：どの州のスプリングフィールドですか？

　ユーザー：イリノイ州です。

バーチャルアシスタント：イリノイ州スプリングフィールドでは現在晴れで、気温は華氏 61 度です。

「情報不足」カテゴリーに当てはまるもうひとつの例は、不明瞭な意図だ。技術サポートの例で、もしユーザーが「インターネットで困っています」と言った場合、おそらくそれはインターネット接続が使えないか、Wi-Fi の設定を手伝ってほしいという意味だろう。正確な一致がなかったからといって質問全体を無視するのではなく、よくある話題のリストを作っておき、質問の意図を確認することができる。

技術サポートバーチャルアシスタント：技術サポートアシスタントの Pat です。何かお困りですか？

ユーザー：インターネットで困っています。

技術サポートバーチャルアシスタント：インターネットですね。お手伝いいたします。まず、もう少し詳しく教えてください。
Wi-Fi の設定、インターネット上の検索、あるいはインターネット接続のお手伝いができます。どれでお困りですか？

5.2.2　ひとつの情報しか想定していないときにふたつ以上の情報

　曖昧さの回避が必要なもうひとつの状況は、ユーザーの与えた情報が多すぎるときに起こる。これは、ユーザーがひとつの項目についてだけ質問されているのに、当然のようにもっと情報を提供したときによく起こる。たとえば、医療アプリがこう聞いたとする。「主な症状は何ですか？」。アプリが一度にひとつの症状しか扱えないようにプログラムされていることは考えられる。しかし、人は多くの場合もっとたくさんのことを言う。たとえば、「熱があって咳が出ます」などだ。

　この時点でいくつかの対応策がある。

・最初に認識した症状（熱）を採用する
・「熱があって咳が出る」という症状は登録されていないので応答全体を無視する。

・曖昧さを回避する

　理想的な手法は曖昧さの回避だ。一度にひとつの症状しか処理できないという事実を隠す必要はない。ユーザーに手伝ってもらえばよいのだ。

　医療バーチャルアシスタント：主な症状は何ですか？

　ユーザー：熱があって咳が出ます。

　医療バーチャルアシスタント：今いちばんつらい症状はどれですか？

　ユーザー：咳です……とてもつらいです。

　医療アシスタント：ではまず咳から始めましょう。熱の症状はそのあと診ます。

　このケースでシステムは、ユーザーに対してまず最も差し迫った症状に集中するように伝えただけだ。これだけでも有益で役に立つ体験になる。このVUIデザインに関する注意点をふたつ挙げる。

- もしユーザーが最初に熱があると言ったなら、あとで咳について質問するときに熱があるかどうか尋ねてはいけない。システムの信用を失う。

- VUIの開発者は往々にして、最初にすべての指示を伝えればユーザーは正しいことを言うと思ってしまう。たとえば、最初のプロンプトで「主な症状を言ってください。ただしひとつだけ症状を教えてください。」と言いたくなるかもしれないが、これはおすすめできない。第一に、会話が不自然になる。第二に、それを言っても多くのユーザーは無視する。いずれにせよ応答する方法を用意しておく必要がある。ユーザーテスト（現実世界の本物のユーザーによる）を行うことも、最高の応答を引き出すプロンプトのデザインに役立つはずだ。

　これの別の例としては、以下の会話でユーザーが「両方」と答えた場合がある。

バーチャルアシスタント：地図と電話番号、どちらにしますか？

ユーザー：両方。

バーチャルアシスタント：わかりました。最初に地図を、そのあと電話番号をご用意します。

曖昧さの回避が必要となるよくある例は、電話をかけるときである。Googleに連絡先のリストの誰かに電話をかけるように言って、番号がふたつ以上あるとき、Googleは両方を示しながらこう言ってユーザーに曖昧さの回避を求める。「わかりました。携帯ですか、職場ですか？」というように。

もし私が何も言わないと、Googleは次のように助け舟を出す。「先へ進むために、どちらの電話番号を使いたいかを教えてください。たとえば、『最初の方』でも結構です」。もちろんマルチモーダルなので、かけたい番号をタップすることもできる（図5-2）。運転中などハンズフリー操作が必要な状況にあるかもしれないので、自分の声を使えることは重要だ。

これはよくあるワークフローの例だ。図5-3のアシスタントも同じような方法を使っている。

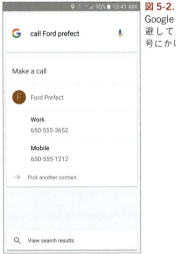

図 5-2.
Googleは曖昧さを回避している：どの番号にかけますか？

図 5-3.
アシスタントの電話
発信時の曖昧さ回避

　私はこれらのシステムが時間とともに改善していることに気づいた。以前は、たとえばアドレス帳に載っている誰かにメッセージを送りたい、と言うと、Google は自宅と携帯電話のどちらにテキストを送りたいかを尋ねた。最近は、携帯電話がデフォルトになっている。自宅の固定電話にテキストメッセージを送ることはできないので、これは理にかなっている。

5.3　否定の扱い

　最近私はピザのチャットボットを使ってみた。トッピングを聞いてきたので、「マッシュルーム。でもペパロニはなし」とテキストを打ち込んだ。確認メッセージ（図5-4）が表示された。「わかりました。マッシュルームとペパロニピザのラージをひとつお届けします。よろしいですか？」

　この例は、応答の中の「なし」「いや」「以外」などの否定語に注目することの重要性をよく表している。あなたの VUI が「今日の気分はどう？」と質問して、ユーザーが「良いとはいえない」と答えたときに、（「良い」という単語に反応して）「それはよかった」と陽気に応じたところを想像してほしい。ユーザーはおそらく、あなたのVUI を皮肉屋か頭が悪いのかどちらかだと思うだろう。こういうケースの扱いには多くの努力が必要だが、これを怠ることの代償は高くつくことがある。

　Hound がこれをうまく扱った好例がある。私が、「近くにある日本料理以外のアジ

ア料理のレストランを教えて」と言ったとき、このシステムはまさにそれをやってのけた。

図 5-4.
ピザのチャットボットは否定を無視する

図 5-5.
Hound はレストラン検索で例外に対応する。「アジアンレストランを近い順に表示しています。日本食と寿司バーは除いてあります」

5.4　意図と目的を捉える

　VUIが複雑になるにつれ、音声入力を扱う戦略も賢くなる必要がある。これまでの例では、「意図」、すなわちユーザーの取りたい行動がひとつだけなのが普通だった。曖昧さ回避の例で、ユーザーが「インターネット」と言ったとき、システムは、インターネット接続に関してユーザーがどんな助けを必要としているのかを明らかにするための質問をした。

　より高度なシステムは、目的物そのものに基づいて意図を判定することができる。たとえばSiriなどのバーチャルアシスタントでは、カレンダーでできることが複数ある。カレンダーを見る、予定を登録する、予定をキャンセルするなどだ。この種のシステムでは、「カレンダー」というキーワードとの一致を調べるだけでは十分ではない。VUIのNLUモデルは、以下の文がいずれもカレンダーに関係しているが、最終的に異なるアクションをもたらすことを理解しておく必要がある。

- カレンダーを見せて
- カレンダーにイベントを追加して
- カレンダーで会議の予定を削除して

　この種のモデル（あるいはもっと複雑なもの）を作る話はこの本の範疇を超えている。このように複雑なモデルを作るには、そのためのサードパーティー製のツールが存在する。それらのツールは例文を集めたサンプルを提供しているので、開発者はそれを使って、ユーザーがVUIとやりとりする方法を集めた複雑なセットを作りあげることができる。このタイプのツールには、Api.ai（現在はGoogle傘下）、Nuance Mix、Wit.ai（Facebook）、Houndify、Microsoft LUIS、Amazon Echoなどがある。

5.5　ダイアログマネジメント

　VUIをできるだけ柔軟な作りにするためには、ダイアログマネジメントという概念が重要になる。ダイアログマネジメントは、システムがすでに会話の中で起きたことや次に起こるべきことを管理する仕組みだ。これが重要なのは、ユーザーは人によって異なる方法で情報を提供しようとするからだ。ある人は最初に全情報を話し、ある人は小出しにする。これに対応するために、アプリは情報のどの断片（スロットと呼ばれることもある）が必要で、どの順番で尋ねるべきかを知らなくてはならない。

　それではこれを、人気のピザ注文の例で説明しよう（平均的アメリカ人は毎年ピザ

約46スライスを食べていることをご存知だろうか？）。ピザを正しく注文するために必要なスロットは以下の通りだ。

- ピザの枚数
- サイズ
- トッピング
- 電話番号
- 住所
- 郵便番号

VUIとしては、これらの情報を得るためにユーザーに毎回同じ道をたどらせることもできるが、もっと良い方法は、ユーザーの好む方法で情報を提供させることだ。

ピザアプリ：ようこそ、Perl's Pizzaへ。どのピザにいたしましょうか？

ユーザー：えーと、ペパロニのラージをお願いします。
　　　　　［この時点で、ピザの枚数（1枚）とトッピング（ペパロニ）、サイズ（ラージサイズ）のスロットが埋まった。あと必要なのは住所と郵便番号、そして電話番号だけだ。］

ピザアプリ：ラージサイズのペパロニですね、ありがとうございます。お届け先の住所はどちらですか？

ユーザー：チェリーレーン。

ピザアプリ：はい。番地は？

ユーザー：321。

ピザアプリ：では郵便番号を教えてください。

ユーザー：94019。

今度は別のユーザーがこのタスクにどう応答するかを見てみよう。

ピザアプリ：ようこそ、Perl's Pizza へ。どのピザにいたしましょうか？

ユーザー：えーと、ピザをいくつか注文したいんだけど。

ピザアプリ：ありがとうございます。何枚ご注文ですか？

ユーザー：2 枚お願いします。

ピザアプリ：サイズは何にいたしましょう？

ユーザー：スモール 1 つとラージ 1 つ。

ピザアプリ：はい、ではまずスモールについてお聞きします。これには何を載せますか？

ユーザー：オリーブとマッシュルームとドライトマト。

ピザアプリ：オリーブとマッシュルームとドライトマト。美味しそうですね。では、ラージサイズのトッピングは何になさいますか？

2 番目の例でユーザーがずっと高いレベルからスタートしたが、ピザアプリは情報を得るために必要な質問へとうまく導いた。ユーザーの言うことに合わせ、情報をさまざまな方法で扱う準備をしておくことが大切だ。

5.6 ユーザーを宙ぶらりんにしない

現在の VUI 技術の問題は、数々の立派な約束が果たされるとは限らないことだ。Siri は「何かお手伝いいたしましょうか？」と言って、欲しいものを何でも言うように促すが、実際にはごく限られたことしか扱うことができない。Amazon Echo にはヘルプ画面がないので、Alexa があなたを理解できないとき、次に何をすべきか明白ではない。

それでも、たいていはユーザーの要望を半分くらい満たすことができる。Alexa は、ユーザーが単に「Alexa、何か音楽をかけて」と話すことを許可しているし、もしあなたが Amazon Prime のメンバーなら、「お好みかもしれない Prime Station はこちらです」と言って、音楽を流し始める。もし Alexa が、音楽をリクエストされたことは理解したけれどもどの曲かはわからないときは、ミュージックチャンネルをひとつ提案して再生を始める。

5.7 VUI は認識したことを表示すべきか？

もうひとつ、すぐに判断が必要になることは、ユーザーの言ったことを表示すべきかどうかということだ。

現在世に出ている「アシスタント」VUI のほとんどが、ユーザーの話したことを端末画面に表示している。多くはリアルタイムで表示する。このような利用場面ではそれが標準になってきている（そうでないものもある）。認識結果を表示することは、良いアイデアでありユーザー体験に役立つことがある一方、ユーザーの気を散らす恐れがある。

Google や Siri、Cortana といったアシスタントでは、システムが何を認識したかを目で見られるようにすることが役立つ場合もある。なぜなら、ユーザーの応答はそのまま検索リクエストになることが多いので、アシスタントが間違えたかどうかをユーザーは知りたがるからだ。たとえば私が、「Please tell me the best restaurants in Paris.（パリで最高のレストランを教えて）」と言ったのを、実際には「Please tell me the best **restrooms** in Paris.（パリで最高のレストルーム［トイレ］を教えて）」と認識したことは、エッフェル塔のトイレで食事をすることにならないためにも、知っておきたいことのひとつだ。

より会話的なシステムで、ユーザーと行ったり来たりのやりとりが続く場合は、ユーザーの言ったことが表示されるのは気を散らして悪印象を与えかねない。

以前も書いたように、音声認識は 100%正確ではない。多くの作業をこなすのに十分な精度はあるが、それでも間違えることがしょっちゅうある。たとえば、私が Google に向かって、「I'm just testing your speech recognition, you know I'm trying...（今音声認識をテストしているのだけど、私が試している……）」と言ったのを認識した結果が図 5-6 にある。

以前に挙げた情報検索の例で、VUI が検索結果を知らせてくれるのなら、システムが私の注意深く選んだ言葉をすべて認識したのかどうかは重要な問題だ。

図 5-6.
Google は、「I'm just testing your」を「I'm just testing urine」と誤って認識した

　より対話的な VUI では、すべての単語を正しく認識することは会話を進めるために必ずしも必要ではない。本章で先に述べたように、「fine」とよく間違われる単語は「find」である。システムに元気かどうかを尋ねられたとき、私が「find」と答えれば、システムは「fine」と一致するキーフレーズの一候補として「find」を追加してしまうかもしれない。アプリはそれで正しく処理できる。しかし、もしアプリが認識結果を表示していたら、ユーザーは誤認識によってたちまち気を散らされる。その結果、たとえアプリが正しく処理して会話の次のターンにスムーズに進んだとしても、アプリの能力にマイナスの印象を与えかねない。これは、人の名前のように、感情的な結びつきの強いものにも当てはまる（たとえば私の名前である「Cathy」を「Kathy」と認識された場合）。そんなことで、人に不快な思いをさせる理由はない。

　会話の場合、人は重要なコンセプトの周辺につなぎの言葉をいくつも使うことがよくあるが、それらの言葉を正確に認識することはさほど重要ではない。ユーザーの応答の中の主要なポイントを認識できれば先へ進むことができるので、ユーザーの言ったことを正しく認識しなかったという事実をことさらユーザーに伝える必要はない。

5.8　感情分析と感情検出

VUI をより賢く共感的にする方法のひとつに感情分析（センチメント分析）がある。Google は、感情分析を次のように定義している。

> テキストによって表現された意見を、コンピューターを用いて識別および分類するプロセスであり、中でも、特定の話題や製品などに対する書き手の姿勢が、肯定的、否定的、あるいは中立的であるかどうかを見極めるものをいう。

VUI の世界では、感情分析はユーザーがどう感じているかという情報を自然言語処理を用いて抽出することを意味している。複雑に思えるかもしれないが、基礎的な感情分析は比較的単純な方法で始めることができる。まず、カテゴリーを定義する必要がある。初めは単純に「ポジティブ」と「ネガティブ」でもよい。ポジティブな単語とネガティブな単語のリストを使うことによって、ユーザーの言ったことを比較し、適切に分類することができる。

無料で利用できる単語リストもあり、たとえば MPQA のネガティブ・ポジティブリストはピッツバーグ大学から入手できる（http://mpqa.cs.pitt.edu/）。KNIME などのオープンソースツールを使えば、認識結果の後工程として、ユーザーが使った言葉の何％がネガティブで何％がポジティブかを調べることもできる。

感情検出はまだ比較的新しい分野だ。すでに Affectiva などの企業は、感情検出技術を使って人間の顔の特徴を抽出している。この会社はこの技術を市場調査に応用して、たとえば被験者が映画の予告編を見ている間に顔の特徴の変化を追跡することで、映像のどの部分に感情的反応があったかどうかを調べる。

Beyond Verbal は、音声の抑揚をリアルタイムに分析することによって感情を検出する。同社の Moodies というアプリでは、ユーザーがボタンを押してから自分の考えについて語る。20 秒後、アプリはユーザーの主たる感情を表示する（図 5-7）。

ユーザーの感情を取り扱う技術を用いる場合に、留意しておくべき重要な原則がある。常に慎重の上にも慎重を重ねて取り組むことだ。ユーザーの心の状態を正しく知ることができれば素晴らしいことだ。しかし間違えたときの代償は非常に大きい。ユーザーの感情を直接的に、たとえば「悲しいのですね」などと言ってはならない。たとえ実際に悲しんでいたとしても、ユーザーはそれを認めたくないかもしれない。誰かに向かって「あなたが怒っているのはわかっています」と言って、激しく否定された

図 5-7.
Beyond Verbal の
アプリ、Moodies

経験は誰もが持っているだろう。

　そうではなく、感情分析や感情検出は会話を「誘導する」ために利用する。今週あなたのVUIとチャットしていて、何日も続けてネガティブな感情を表現しているユーザーがいたとする。システムは追加の質問をして、その人が実際に感じていることをもう少し深く掘り下げてみることができる。

5.9　音声合成 vs 事前録音

　もうひとつ重要な決定は、VUIが音声合成（TTS：Text-to-speech）を使うか、事前に録音した音声を使うかだ。初期の自動音声応答（IVR）システムは、ほぼ100%が声優の声を事前に録音していた。当時は今ほど音声合成の品質が高くはなく、システムの応答の種類も限られていた。

　音声合成は飛躍的に改善されたが、いまだに優れた声優の声ほど理解しやすくはない。しかも、音声合成は特定の単語をうまく発音することができず、望み通りの抑揚にならないことがある。感情表現はさらに難しい。たとえば経験のある声優なら、適切な文脈のもとで、「Great!」というフレーズをどれほど強調すべきかを知っている。ある合成音声は、このフレーズを与えられるとまるで宝くじに当たったかのような声を発する。別の音声合成エンジンは、「OK」のような基本的な単語を「auk（オーク。

ウミスズメのこと）」と発音して予想外の振る舞いを引き起こす。

　事前録音の欠点は、プロンプトを録音するために前もって余分な費用と時間が必要になることだ。録音スタジオ、良い声優、さらに音響エンジニアが必要だ。しかも変更が必要になると声優が新しいプロンプトを録音しなくてはならない。

　音声合成にはライセンス料が必要なものが多いが、変更が容易であるという利点がある。新しいプロンプトをリアルタイムで作ることができる。しかし、音声合成はまだ何かと制約がある。Alexa でさえ、何かをどう発音するか尋ねるとこう答えることがある。「私は <x> のように発音しますが、音声合成は正しいとは限りません」。

　音声合成は音声合成記述言語（SSML：Speech Synthesis Markup Language）を使って、より自然な発音と抑揚を追加することによって改善できるが、それでも音声合成システムが苦手とする単語やフレーズがある。その分野でよく使われる単語で失態を演じないために、自分のアプリ用に発音辞書を作る必要があるかもしれない。

　現在使われている高度なシステムのほとんどは、Cortana のように人間の声と音声合成のハイブリッド方式をとっている。Cortana のプロンプトの多くは、システムの声優（US バージョンでは Jen Taylor）によって「通し」で録音されている。その他のプロンプトは録音された断片をスムーズにつなぎ合わせて作られている。これにも費用がかかるが、人間の声の利点と音声合成のリアルタイム性をうまく組み合わせている。

　音声は、他の情報を伝えるためにも利用できる。たとえば、サンフランシスコのベイエリア高速鉄道（BART）では、男性の声の合成音声をひとつの方面のアナウンスに、女性の声を反対方面に使っている。これは細かな違いでほとんどの人は気づかないかもしれないが、いつ注意を向ければよいかを人々に知らせる役割を果たしている。

　声優の声を録音する場合であっても連結戦略は重要だ。たとえば、存在する電話番号をすべて録音するのはばかげている。しかし、数字をひとつずつ単独に録音する以上のことは行っている。それぞれの数字は 3 種類の方法で録音される。たとえば、650-555-1269 という電話番号を考えてみよう。それぞれの数字は声優によって 3 種類録音されている。

・中音域抑揚（市外局番と市内局番それぞれの最後の数字、0 と 5）
・中間的抑揚（最後の 9 を除く他の数字全部）
・下降抑揚（最後の 9）

さらに、数字の各グループの間に適切な長さの休止を入れる必要がある。電話番号の場合、200ミリ秒が適している。

読者はこの方式を採用していない旧式のIVRシステムを聞いたことがあるに違いない。読み上げられた電話番号は堅苦しく、そして遅く感じられたものだ。

フレーズをつなぎ合わせることもできる。サンフランシスコ・ベイエリア511 IVRシステムでは、発信者が地域の交通情報を聞くことができる。そこでは、事故や工事などの事象や状況の詳細が読み上げられる。これらの情報を提供するデータベースには、各項目が道路、進行方向、事故の種類、経過時間などのカテゴリー別に分類されている。James Giangolaと私は、これらの部品を分解したものを声優が録音し、つなぎ合わせたときに完全に自然な文として聞こえるようにシステムを開発した。

ある交通事故の例を示す。

> As of 10:18 AM, there's a slowdown on highway 101 northbound, between Ralston Avenue in Belmont and Dore Avenue in San Mateo. Traffic is moving between 25 and 30 miles per hour.
> [午前10:18現在ハイウェイ101北方面、BelmontのRalston AvenueとSan MateoのDore Avenue間で渋滞しています。現在道路は時速25から30マイルで流れています]

以上の文は、次の19種類の録音済みコンテンツから作られている。

As of
10
18
AM
there's a slowdown
on
Highway 101
northbound
between
Ralston Avenue
in Belmont
and
Dore Avenue
in San Mateo
Traffic is moving between
20
and
30
miles per hour

　このコンテンツを録音するためには、多少の余分な作業と事前の準備が必要だが、そうすることでより自然に聞こえるようになるため、手間をかける価値はある。

　つなぎ合わせる最善の方法については、Jennifer Balogh の論文 [*2] や『Voice User Interfaces Design』[*3] の 11 章を参照されたい。

　最高の VUI ユーザー体験を作るためのもうひとつの原理は、何かが必要になる前に、ユーザーに尋ねないことだ。これは GUI をデザインするときと同じだ。ショッピングアプリを作るとしたら、必要となる名前や住所といった情報はすべて最初に集めるのがいちばん簡単だと思うかもしれない。しかし、本当に必要になるより前の段階で、余分な入力作業をさせてユーザーを苦しめる必要はない。そのユーザーはただ商品を見ているだけで、買うつもりはないのかもしれない。Nass が言っているように、店内を歩き回っている客にクレジットカードを見せろとは言わないだろう [*4]。

[*2] Balogh, J. "Strategies for Concatenating Recordings in a Voice User Interface: What We Can Learn From Prosody." Extended Abstracts, CHI (*Computer Human Interface*) (2001): 249-250.
[*3] Cohen, M., Giangola, J., and Balogh, J. *Voice User Interface Design*. (Boston, MA: Addison-Wesley, 2004), 6, 8, 75, 218, 247-248, 250-251, 259.
[*4] Nass, C., and Brave, S. *Wired for Speech*. (Cambridge, MA: The MIT Press, 2005), 181.

5.10　話者認証

　話者認証（音声生体認証とも呼ばれる）は、ユーザーが自分の声だけを使って認証を行う仕組みだ。2000年代前半、ビルディングのドアを開けるのに、入り口付近の受話器を取ってこう言った。「my voice is my password.（私の声がパスワード）」。長距離電話をかけるときにも会社のダイヤラーで話者認証を利用した。

　音声認証はしばらく使われてはいたものの、現在一般消費者向けの製品で見ることはほとんどない。最近 Charles Schwab は、アカウントのログインに音声 ID による認証を始めた。Google も話者の認証を行っていて、ユーザーが「OK Google」と何回か言うと、その声紋を使ってスマートフォンをアンロックできる。ただし、Google のものはさほどセキュリティが高くない。Mattel には、「My Password Journal」という日記があり、ユーザーは自分の声を使って好きなパスワードを設定できる。

　一般に VUI システムでパスワードやパスコードを扱うことは推奨できない。近くで誰かが聞いているかもしれないからだ。銀行のパスワードを声に出して言うことは安全とはいえないが、「my voice is my password」のような共通パスフレーズは、単語そのものには依存しない。

　スマートフォンの指紋認証のようなパスワードの代替手段の出現によって、話者認証がまた普及するのかどうかを見るのは興味深い。最近のニュースでは、音声対応のホームアシスタントを使って何者かが家の外から叫んでドアの鍵を開けたという事例が報じられていた。

　VUI システムで話者認証を使いたければ、そのための技術を提供するエンジン（Nuance など）のライセンスを取得する必要がある。さらに、ユーザーが認証の初期設定を行うための「音声登録」も用意する必要がある。話者認識の利用場面としてもうひとつ考えられるのは——そして VUI についてのわれわれの議論により関連が深いのは——セキュリティのための本人確認ではなく、今話しているのが誰かを VUI が識別するために使う場合だ。会議の議事録の文字起こしをするためにこの方法をとるシステムを開発している会社がいくつかある。

5.11　ウェイクワード

　ウェイクワードの概念については、本書ですでに触れた。たとえば、Amazon Echo に対して「Alexa」、Android デバイスに「OK Google」と言うことだ。ウェイクワードはデバイスに物理的に触れることなく VUI システムと対話を始める便利な

方法だ。これは、別の部屋にいたり、運転していたり、両手がパイ生地でベタベタなときに特に有効だ。

　適切なウェイクワードを選ぶことが重要だ。まず、認識しやすく、かつ紛らわしくない単語を選びたい。短い単語、たとえば「Bob」などはそれを単独で認識するのが難しすぎる。ウェイクワードは、ユーザーが簡単に言えることが重要なのは言うまでもない。Amazon は、ユーザーが Alexa、Amazon、Echo、Computer の 4 つの中からウェイクワードを選べるようにしている。いずれも音節が 2 つ以上あることに注意されたい。最後に重要なこと。ウェイクワードには人が会話の中でよく使う単語を使うべきではない。さもないと意図しないときにデバイスを起動する恐れがある。

　Amazon は、過剰認識（ユーザーが「Alaska（アラスカ）」と言ったのに「Alexa」と認識してしまう）と認識不足（「Alexa」と 10 回言わないと確信が持てない）の適度なバランスを調整するために多くの時間を費やした。

　また、ウェイクワードはデバイスがローカルで処理すべきだ。デバイスとアプリは常時ウェイクワードに聞き耳を立てていなければならない。ユーザーの言うことを、ユーザーがアプリと関わっていないときまで録音し続けてクラウドに送ることは倫理的に問題がある。代わりに、ウェイクワードはデバイス自身で処理し、確実に認識できたときに初めて、アプリはユーザーの音声を録音あるいはストリーミングし始めるべきだ（もちろん音声は匿名化されていなければならない）。

5.12　コンテキスト

　多くのバーチャルアシスタント（あるいはチャットボット）が会話的 UI で苦労している理由のひとつは、コンテキストがないことだ。コンテキストとは、会話の周辺で何が起きているか、過去に何が起きたかを理解していることを意味する。

　会話の詳細を覚えておくことは難しい課題だが、基本的なコンテキストを利用することで、あなたの VUI がより賢く見えるだけでなく、ユーザーの時間を節約できる。

　たとえば、その地域の時間帯がわかれば、ユーザーを適切なあいさつで出迎えることができる（「おはようございます」「こんばんは」など）。位置情報も利用できる。ユーザーが職場ではなく自宅にいることがわかれば、レストランを探したときに、違う検索結果を提示できる。

　ユーザーによく眠れたかどうかを毎日聞くのであれば、何事もなかったかのように前日と同じように振る舞うのではなく、背景に応じて質問を変える方がよい。「昨夜は何時間寝ましたか？」と聞く代わりに、アシスタントは「今週は寝不足気味のよう

ですね。昨夜は何時間寝ましたか？」と聞くのもよい。

　同じ会話の中であっても、ユーザーが質問に直接答える以外で話していることにも注意を払うべきだ。ユーザーがテクニカルサポート・アプリに「この1週間インターネットが使えません」と言ったときに、「インターネットはいつから使えませんでしたか？」と質問してはいけない。

　こうした質問は、システムがダメなコンピューターであることをユーザーに知らしめるだけだ。コンピューターにとって、ユーザーが先週のランニングで自己最高記録を出したのを覚えておくことはさほど難しいことではない。しかしそんな簡単なことを知っているだけで、あなたのVUIはユーザーの関心を引き、信用され、いっそう親密な立場になることができる。

5.13　高度なマルチモーダル

　これまで、ビジュアルと音声の組み合わせについて、話すか代わりにコンテンツを表示した方がよい場合（長いリストや地図など）や、コンテキストに応じてユーザーがタッチまたは音声で応答できるようにするやり方について書いてきた。それに加えて、ユーザーが話すたびに音声で確認する代わりに、ビジュアル表現を利用する（ボタンをハイライトするなど）方法も利用できる。

　この種のやり方は、ユーザーが話すとビジュアルな結果が表れる、というふうにひとつずつ動作が実行される。ユーザーはマイクロホンのアイコンをタップして、それから話し始める。

　これらのモードを、人間がすでに行っているように組み合わせたらどうだろう？たとえば、私が「この州の州都はどこ？」とアメリカ地図でカンザス州を指しながら尋ねれば、私の言っている州がどこなのか、見ている人にはすぐわかる。VUIでも画面のタップされた位置と音声入力を組み合わせれば同じことができる。たとえばチェスのゲームなら、「ナイトをここへ」と言いながらマス目をタップすることができるし、お絵かきソフトで「花を描いて」という指示と、ユーザーがキャンバスをタップした場所を組み合わせることもできる。

　異なるモードを組み合わせるもうひとつの方法は、エージェントとアプリがスムーズに切り替わることによって行う。エージェントはユーザーに、端末上で特定のアプリを起動するように仕向け、やりとりの中でユーザーがたとえば口座番号を言うと、ユーザーの音声がアプリに送られる。このシナリオは、ユーザーがモバイルデバイスでより快適に取引できるようにするとともに、企業は一部の作業で人間のエージェン

トを呼び出さずに済ませることができる。

5.14　データセットを一から構築する

　2章では、VUIが認識するユーザー入力のモデル構築について簡単に考察した。ときには、何もないところから自分自身の知識と経験に基づいて一から作らなくてはならないこともある。

　可能な限り、初期モデルと重要なフレーズは自力で開発することをおすすめする。このために役立つ情報源がいくつかある。

ウェブサイトのデータ

　もし既存のウェブサイトに、あなたのVUIアプリに関連するリソースがすでに存在しているなら、ユーザーがあなたの製品やサービスを参照するときに使う用語は、すでに存在していることになる。これは絶好の条件だといってよい。FAQでも、カスタマーサービスのサポート用フォームでも、現在ウェブを通じて企業とのやりとりに使っているものであれば何でもよい。企業がチャットボットを持っているなら、その発言を書き起こしたテキストでもよい。

コールセンターのデータ

　IVRの世界では、コールセンターからデータを取得することは一般的であり、そこには質問や問題を抱えたユーザーが電話をかけてくる。コールセンターの電話対応係は知識の宝庫だ。顧客が本当に困っている問題を知っている。

データ収集

　上記のふたつの情報源がどちらも手に入らない場合も多い。おそらくあなたは、まったく新しくて代替チャンネルのないものを作っているのだろう。この場合（他の情報源がある場合であっても）、データセット構築の最適な第一歩はデータを集めることだ。

　データ収集には、VUIがするであろう質問を人々に向けてみて、返ってきた反応を文字起こしする作業も含まれる。協力してもらう人は、あなたのアプリの本当のユーザー（またはユーザー候補）であることが理想だ。データ収集は、形式ばらない方法でも、フォーマルな方法でもよい。最善の方法は、本物と同じ環境——ユーザーがプロンプトを聞き、声で応答する——だが、応答をタイプ入力するのでも効果はある。これを行う方法のひとつはAmazonのMechanical Turkを使うことだ。音声ファイ

ル（あるいはアバターの発話を録音したもの）を再生するというタスクを設定し、作業者はプロンプトに対して応答する。

　これらの方法はいずれもモデル構築を始めるために有用だが、それはまだ始まりにすぎないことを肝に銘じておく必要がある。FAQ は、人が実際に質問を発するやり方とは限らない。タイプ入力は話し言葉と同じとは限らない。あなたのアプリが最初のパイロットテストを実施し、本物の、現場のデータを集めたころには、当初のデータがほとんど役に立たないことに気づくだろう。それを捨てる覚悟が必要だ。しかし、それでも白紙から始めるよりはずっとよい。

5.15　高度な自然言語理解

ウェブ検索するだけのバーチャルアシスタントは、理解を示しているわけではない。
DEBORAH DAHL, MOBILE VOICE（2016 年）

　答えられない要求に遭遇したとき、多くのバーチャルアシスタントは一般の検索エンジンに丸投げする。「What is the population of Japan, and what is its capital?（日本の人口は何人か？ 首都はどこか？）」という質問を受けたとき、Siri と Hound の応答がどう違うかを見てみよう。Siri はこの質問に対応できないので、観念して「OK, I found this on the web for 'What is the population of Japan and what is its capital?'（OK、ウェブでこの『日本の人口は何人か？ と、首都はどこか？』の結果を見つけました）」と検索結果のリストを表示する（図 5-8）。ちなみに最初の検索結果には必要な情報が全部入っているが、質問に直接答えてはいない。

図 5-8.
Siri は答えがわからないとウェブ検索に委ねる

　一方 Hound は、すぐに答えを言ったあと、追加情報を表示する。Hound は、複数のクエリに対応するコツを心得ている。このややこしい問い合わせを見てほしい。「Show me coffee shops that have WiFi, are open on Sundays, and are within walking distance of my house.（Wi-Fi があって、日曜日に開いていて、家から歩いて行ける距離にあるコーヒーショップを教えて）」。Hound は実際にこれを見事に処理してみせる（図 5-10）。

　この種のクエリは観衆の前でデモを行うと喝采を浴びる。大いに人々を印象付ける。しかし、分解してみれば簡単な命令をつなぎ合わせただけだ。もっと複雑な例を、自然言語理解の観点から見てみよう。Hound に「この前のワールドシリーズのときの大統領は誰？」と聞くと、Hound は諦めて検索結果を表示する。最初の結果は？ Woodrow Wilson のページだった。このクエリが求めている情報はひとつだけだ。しかし、これを処理するためにシステムはもっと複雑な世界のモデルを持っている必要がある。

　以上の例は、VUI にまだ課題があることを表している。いずれの例でも音声認識は完璧だ。私の質問を正確に認識した。しかし、それだけでは十分ではない——VUI は言語の機微も理解しなくてはならない。

　Hound の行動は実に印象的だ。しかし、人間が普通に話すのとは違う。カタログ

図 5-9.
Hound が 2 つの部分からなる質問を扱った例

図 5-10.
Hound が複数部分からなる質問を処理している

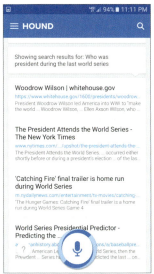

図 5-11.
Hound も質問に答えられないときは諦める

　通販の会社に電話をして何かを注文するとき、情報は小出しにするのが普通だ。「男物のLサイズのシャツで、青くてボタンが付いていて半そでで50ドル以下のものを注文します」ではなく、「男性用のシャツを注文します」と言ってから始めるに違いない。あなたのVUIが成功するためには、すでに起きたことを覚えていて、システムを地に足のついた状態にしておくことだ。

　投資家へのピッチでは、複数コマンドを一度にさばくデモを見せた方がずっと魅力的かもしれないが、ユーザーは、ひとつのタスクが複数ステップに渡っても必ずしも気にならない。質問に意味があると感じられる限り、ユーザーは自分が迷子になっていないと思えるので、少々のことには耐えられる。

　もうひとつ注意すべきなのは、ユーザーはあなたが求めている以上の情報を提供するかもしれないことだ。たとえば、単に「はい」か「いいえ」の答えを期待して「便名をご存知ですか？」と聞いたとする。しかし、ユーザーは「はい」だけでなく「はい、457便です」と言うかもしれない。人間は自然に話すためのルールを山ほど持っているので、それに従う必要があることを忘れてはならない。

デザイナーであるわれわれは、会話の基本をなす要素を創造することはできない。[すなわち、人間のしきたりに合わせなくてはならない。]*5

さらに、ユーザー体験に音声を利用することが本当に役立つかどうか、時間をかけて考えるべきだ。Randy Harris がこう言っている。

> ウェブで音声を活用するだけのために、ウェブで音声を活用することは無意味だが、有効な音声操作が約束されているウェブサイトはたくさんある。その秘訣は——潜在顧客層がいるサービスであるという前提で——ウェブサイトを、それ自体を主体として扱うのではなく、顧客がアクセスしたいデータへのグラフィック・インターフェースとして扱うことにある。重要なのはデータだ。サイトではない *6。

5.16　結論

VUI を基本的な情報交換以上のものにするためには、本章で説明した概念を活用する必要がある。単なるキーワード認識だけではなく、ユーザーのより複雑な入力を許すこともそのひとつだ。

たとえば音声合成を使うか、それとも録音された音声を使うかといったデザインの選択も慎重に考える必要がある。言葉の自然なつながりを意識することで聞き取りやすさを改善することができる。VUI でウェイクワードを採用するか「プッシュトゥトーク」方式にするかの検討にも時間をかけるべきだ。

既存のデータを活用したり、自らデータ収集に励むりすることによって、データセットを開始時点から充実させておくことができれば、あなたの VUI が成功する確率は高くなる。

これらの手法をすべて活用できれば、VUI はより使いやすく正確になり、成功に近づくだろう。

---

*5　Cohen, M., Giangola, J., and Balogh, J. *Voice User Interface Design*. (Boston, MA: Addison-Wesley, 2004), 6, 8, 75, 218, 247-248, 250-251, 259.

*6　Harris, R. *Voice Interaction Design: Crafting the New Conversational Speech Systems*. (San Francisco, CA: Elsevier, 2005), 210.

6章
VUIのユーザーテスト

　どんなタイプのアプリケーションデザインでもそうだが、VUIを作るうえでユーザーテストは非常に重要だ。一般のモバイルアプリのテストと比べると類似点は多いが、異なる点もある。本章ではVUIのユーザーテストを行う実践的な方法（安価な方法から高価な方法まで）を、被験者のインタビューのやり方や成否の判断方法を含めて紹介する。この方法は、開発の初期段階であってもVUIデザイナーがすぐにユーザーテストを実施することを可能にするものだ。ここでは主にVUIに特化した方法に焦点を当てる。

6.1　VUI固有の注意点

　一般に、テストを開始する時点では、システムが音声認識を使っていることをユーザーに言わない方がよい（ユーザーがダウンロードしたときのアプリの説明や、マーケティング資料から知りうる場合を除く）。テストで見極めるべき重要なことのひとつは、ユーザーがいつ、どうやって自分がシステムに話しかけてもよいのかを理解するのかということだ。

　私が見たことのある、話すことが許可されているのにユーザーがシステムに話しかけなかったユーザーテストのケースでは、「話せる」ことがそもそも明らかではなかった。そうしたユーザーの中には、「あのとき話しかけることができたらいいなと思ったんだ！」とコメントした人もいた。デザインに何らかの手を入れる必要があることは明白だが、もしアプリにいつでも話しかけてよいということを事前に明示していたら、この問題を発見することはできなかったかもしれない。

　GUIアプリのテストでよく使われる手法は、ユーザーに自分のやっていることを語ってもらうことだが、VUIシステムのテストではもちろん使えない。

もし読者が別のタイプのユーザビリティーテストを実施した経験があり、本章のVUIに特化した部分に直行したければ、173ページの「注目すべきこと」から読み進めてほしい。

6.2　ユーザーとユースケースの背景調査

どのタイプのデザインでもそうだが、ユーザー調査は早い段階で行うことを強く推奨する。ユーザー調査の基本原理についてはいくつか概説するつもりだが、この話題に特化した資料を合わせて読むことで、もっと詳しく学ぶことができる。またO'Reilly Mediaがユーザー調査のチュートリアルビデオをオンラインで多数公開している（https://player.oreilly.com/videos/9781491951552 などを参照されたい）。

車輪の再発明をしない

調査フェーズで最初に考えるべきなのは、開発しようとするものと類似するものが、別の形ですでに作られていないか、という問題だ。たとえば、既存のウェブサービスのモバイルアプリを作ることがあるかもしれない。既存のウェブサービスなどを調べて、何がうまくいっているか（または、うまくいっていないか）を知ることは重要だ。VUIシステムに関して言えば、類似する機能を持った自動音声応答（IVR）システムがすでに存在していることはよくある（DTMF［プッシュホンでボタンを押すごとに発信する音の信号のこと。Digital Tone Multiple Frequency］のみか、あるいは音声対応も含んでいるものもある）。その場合、類似する機能としてどのようなものがあるか、それらの機能がどのように扱われているかを分析するには最適の機会となる。

モバイルVUIは、既存のIVRシステムのまったくの複製であるべきではないが、コンセプトがどうグループ分けされているか、何が最もよく使われているかなど、IVRシステムから大いに学ぶことができる。

類似のIVRシステムが存在しているということは、それを支援する人間のエージェントがいる、すなわちコールセンターが存在していることを意味している。ある日の午後にでも、コールセンターに行って会話の内容を聞けば、豊富な情報を得ることができる。本物のユーザーの声を聞くことで、IVRシステム自身を研究するだけでは見いだせなかったことが明らかになる。

さらに、コールセンターのエージェントをインタビューすることによっても、膨大な量の価値ある情報を手に入れることができる。ユーザーは実際何について電話をかけてくるのか、ユーザーが最も困っている問題点は何か、ユーザーはどんな情報を見

つけることに苦労しているのか、それを知っているのがエージェントたちだ。

　しかし、あなたがデザインしているモバイルVUIには、対応するIVRシステムがないかもしれない。あなたのVUIはどんな問題を解決するのか？　現実世界の何を見れば、ユーザーインサイトを得ることができるのだろうか？

　たとえば、Cortanaというバーチャルアシスタントがある。インスピレーションを得るために、Microsoftは現実世界の個人秘書をインタビューした。デザイナーたちは、人間の個人秘書は与えられた仕事を理解できないとき、しばしば助けを求める必要があることに気づいた。そこでMicrosoftは、Cortanaが人間と同じように必要なときには必ず助けを求めるようにした。[*1]

　また、現実世界の個人秘書は自分が仕えている人について書いたノートを常に持ち歩いている。Cortanaも同じような記録を取っている。

　これから仕事をしようとする分野で働いている人に必ず話を聞くこと。たとえば、私がコンサルタントをしていた会社がパーキンソン病に関するVUIアプリを開発することになった。当初のアイデアはパーキンソン病患者を支援するためのアプリで、この病気に関する情報を提供し、服薬管理やその他の自己治療を手助けすることを目的としていた。ユーザー調査を実施したとき、私はパーキンソン病患者に最も身近な人たち、すなわち介護士の人たちと話をしたかった。実際に会ってみたところ、介護士たち自身を支援することが、同じくらい重要な問題であることに気がついた！　このことはわれわれがアプリ開発で計画していた方向性と機能仕様を変更することにつながった。私は、パーキンソン病患者とその介護士の療法を支援しているグループにも話を聞いた。言うまでもないことだが、ユーザー調査を実施するときは相手を尊重し、真摯な態度で接することが大切だ。被験者は概してユーザー調査に協力的だが、あなたが成し遂げようとしていることを素直に表に出すことが大切だ。人のアイデアを拒絶してはいけない——それを実現することを約束する必要はないが、人々が直面している問題は親身に聞く必要がある。

6.3　実際のユーザーと一緒にテストを計画する

　実際のユーザーでテストをすること、それも早期にかつ頻繁に行うことは非常に重要だ。アプリが世に出てからユーザー体験（UX）を変更することは、それ以前のデ

[*1] Weinberger, M. (2016). "Why Microsoft Doesn't Want Its Digital Assistant, Cortana, to Sound Too Human."
https://www.businessinsider.com/why-microsoft-doesnt-want-cortana-to-sound-too-human-2016-2

ザインや開発段階で変更するよりもはるかに難しい。デザイナーは、アプリを自らの願望と体験というレンズを通して見てしまいがちだ。他の人たちにテストしてもらうことで、自分には決して起きることのなかった物事に対して大きく目を見開くことができる。たとえば、Sensely のモバイルアプリの早期バージョンを紹介していたとき、私はリストをスクロールダウンするとさらに項目が出てくることに多くの人が気づかなかったことを発見した。私たちはそのアプリを使うことに慣れきっていたので、自分たちには起こりえないことだったが、すぐにデザインを変更すべきだと気づいた。

タスクの定義

　早期テストであれ、プロトタイプの試用であれ、運用システムを使った本格的なユーザビリティーテストであれ、ユーザーに依頼するタスクは注意深く定義することが重要だ。書籍『Voice User Interface Design』にこう書かれている。

> 典型的なユーザビリティーテストでは、被験者はいくつかのタスクを提示され、それらはテストしたいシステムのさまざまな部分が実行させるように設定されている。システムを網羅的にテストできることはまれであることから、テストは主要な対話経路（頻繁に使用される可能性の高い機能など）や、主要なゴールに関わるタスク、および要件定義で指定されたデザイン基準に焦点が当てられる。
>
> タスク定義は被験者にいかなる形でも偏向を与えることのないよう注意深く書く必要がある。タスクの最終目標は、タスクを完了するための命令語や方策に言及することなく記載しなければならない。[*2]

　タスクの記述には注意が必要だ。情報を与えすぎることがないように、本質的情報のみを提供する。Harris が言っているように、「シナリオに必要なのは筋書きのヒントだけだ」[*3]。ユーザーが誰かに説明するかのようにタスクを定義するのがよい——専門用語を使ったり重要な命令語を想起させたりする言葉を使わないこと。

　Harris は、初期のタスクは「比較的単純に、自明なことでもよいので、被験者を

[*2] Cohen, M., Giangola, J., and Balogh, J. *Voice User Interface Design*. (Boston, MA: Addison-Wesley, 2004), 6, 8, 75, 218, 247-248, 250-251, 259.

[*3] Harris, R. *Voice Interaction Design: Crafting the New Conversational Speech Systems*. (San Francisco, CA: Elsevier, 2005), 489.

安心させるように」設定することをすすめている。[*4]

『Voice User Interface Design』の著者の1人である Jennifer Balogh は、タスクの順番の重要性を強調し、順序効果を避けるためにランダム化するのがよいと言っている。

> 順序効果は起こりうるものだ。そのため被験者全員に全部のタスクを同じ順番でやらせる場合、ひとつのタスクがあとのタスクでの被験者の振る舞いに影響を与えることがある。私は、被験者がエージェントに何かを要求するというタスクを実施する調査でこれを体験した。被験者がこのタスクを終えたあと、別のタスクを実施する際に、被験者はエージェントに要求することが多くなった。この行動は順番が違えば起きなかった（エージェントに何かを要求するタスクが他のタスクよりあとだったなら、被験者はエージェントに要求することはなかった）。解決策は（時間を要するが）タスクを被験者の間で循環させることだ。このための方法のひとつに、ラテン方格法と呼ばれる技法がある。

ラテン方格法を使うと、すべての順列を一巡することなく、各タスクがすべての場所に現れ、各タスクが別のタスクのあとを追うようにできる。たとえば、5つのタスクの順列は120種類あるが、ラテン方格法を使えば表5-1のようにわずか5つの組み合わせで済む。

表 5-1.
ラテン方格法

	タスク1	タスク2	タスク3	タスク4	タスク5
被験者1	A	B	E	C	D
被験者2	B	C	A	D	E
被験者3	C	D	B	E	A
被験者4	D	E	C	A	B
被験者5	E	A	D	B	C

ラテン方格法の詳細はオンライン検索で見つけることができる。

被験者の選択

あらゆるユーザーテストと同じく、デザインしているシステムのターゲットユー

[*4] Harris, *Voice Interaction Design*, 474.

ザーと同じ属性を持つ人たちの中から被験者を抽出するのが理想的である。たとえば慢性心臓疾患を持つ人たちのためのヘルスケアアプリを作っているのなら、被験者は健康な学生であってはならない。被験者の属性がターゲットユーザーの属性から離れるほど、結果の信頼性は低くなる。

　ユーザーテストの被験者は何人くらいが適切なのだろうか？ サンプルの抽出が適切であれば、人数はあまり多くなくてもよい。ユーザビリティーの専門家のJakob Nielsenは、ほとんどのタイプのユーザーテストで5人での調査を推奨している。なぜ5人で十分なのか？ 彼が理由を説明している。

> ユーザー調査の大部分は質的であるべきだ。すなわち、デザインを進めるための洞察を得ることが目的であり、PowerPointで人々に印象づけるためではない。少人数テストの主たる根拠は、単純に費用対効果（ROI）だ。テスト費用は被験者が増えるたびに増加するが、発見の数はたちまち限界に達する。ひとつの実験を5人を超える人数で実施しても、追加で得られるメリットはほとんどない。ROIはNが大きくなると急速に減少する。[*5]

　被験者の募集は容易なことではない。被験者の募集を手伝ってくれる調査会社もあるが、その費用は小規模の会社にとっては法外なことがほとんどだ。調査会社に依頼するだけの予算がある大企業にいる人にとっては、調査会社に依頼することは適正な属性を持つ被験者を集める非常に効果的な方法だ。調査会社に依頼する際には「スクリーナー」と呼ばれる、被験者に求められる条件を明記した条件表（調査票）が必要となる。スクリーナーには、年代や所有しているスマートフォンの種類、ある種のアプリの習熟度、居住地、その他のデモグラフィック属性といった条件を記載し、スクリーナーを用いた事前調査で条件に合致する被験者を抽出する。

> [注記]
> スクリーナーの追加情報については、User Testing Blog（https://www.usertesting.com/blog/screener-questions/）を参照されたい。

---

*5　Neilsen, J. (2012). "How Many Test Users in a Usability Study?"
　　https://www.nngroup.com/articles/how-many-test-users/

テストの内容によっては、友達や家族に依頼することもできる。これは急ぎのテストを行い、重要な要素に関するフィードバックを短期間で得るための優れた方法である。

　リモートテストは、離れた人たちを参加させることによって調査範囲を広げることができる。急いでかつ安価にテストしたいときは、Task Rabbit のようなサービスを使ってテスト参加者を集めることもできるが、属性を選ぶことはできない。さらにはオンラインサービスの UserTesting（https://usertesting.com/）と UserBob（https://userbob.com/）は、いずれもテスト要員をプールしている。ただし、リモートテストには技術的障壁もいくつかある。スクリーンショットを撮るソフトウェアは、アプリの音声（バーチャルアシスタントの話したこと）とユーザーの音声を両方録音できるとは限らないからだ。この問題は、ユーザーにウェブカムでセッションを録画してもらうことで解決できるが、ユーザーの参加条件が限られ、支払う謝礼のコストもかさむ。

　被験者への謝礼を忘れずに。一般に、自ら会場に出向いてテストに参加したユーザーには謝礼を多く支払うべきだ。非常に特殊な属性グループの人たちにも高額の謝礼を支払うのが妥当である。

質問内容

　質問の内容はユーザーテストにおいてインサイトを得るために非常に重要だ。観察データは重要だが、適切な質問はユーザー体験の重要な一面をのぞかせてくれることがある。また、被験者は概してポジティブ側に回答を歪めがちだ。対面のセッションでは特にその傾向がある。ほとんどの人は相手からよく思われたいものであり、ときにはネガティブなフィードバックを与えることをためらったり、ポジティブな意見を誇張したりする。多くの場合これは無意識のうちに行われるが、優れたインタビュアーはこうした問題を克服することができる。

　指示を与える際に被験者に事前情報を与えないように注意すること。Harris が指摘するように、被験者は回答する際、指示を与える担当者や設問から膨大なヒントを取得している。[*6]

　可能であれば、被験者にはタスクが終わるごとにいくつか質問をして、最後の最後にまとめて一連の質問をするとよい。このようにする理由は、タスクが変わるときに

[*6] Harris, R. *Voice Interaction Design: Crafting the New Conversational Speech Systems*. (San Francisco, CA: Elsevier, 2005), 489.

被験者が何か思ったことを忘れるかもしれないからだ。最初の印象を聞く最適なタイミングは、最初のタスクが完了した直後だ。

被験者を誘導してはいけない。被験者の自分の言葉で説明させること。もし被験者が「タスクの最中、アプリに話しかけられたのですか？」と尋ねたなら、あなたはまずこう聞く、「あなたはそうしたかったのですか？」。もし被験者が「このタスクは嫌いでした」と言ったとき、あなたは「えっ、それはあなたが『買い物リストを見せてください』と言ったのをシステムが理解しなかったからですか？」と言ってはいけない。代わりに、「詳しく聞かせてください」と言おう。話すより聞くことを多く。中断しても構わない。あなたがメモを取ったりタイプしたりしていると、ユーザーが自発的に追加情報を話すこともある。

ユーザーテストが始まったら、被験者たちに対して、みなさんはテストされているのではなく、システムの改善に協力するためにここにいる、ということを改めて伝える。フィードバックしたことで嫌な思いをする心配がないことも。被験者が困っていても介入してはならない。ただし、続行不可能なほど苛立っているときは別だ。

定性的質問では、一般にリッカート尺度が用いられる。Crocker, L と Algina, J によるリッカート尺度の使い方に関する優れたガイドラインを以下に紹介しておく。[7]

- 説明や質問は現在時制で記述する。
- 事実情報あるいは事実情報と解釈されうる文を書かない。
- 複数の意味に解釈できる文は避ける。
- ほぼ全員が支持する、あるいは、ほぼ誰も支持しないであろう文は避ける。
- ポジティブな感情とネガティブな感情を表現する文の数はほぼ同じにする。
- 文は短く、20語（訳注：英語の場合）を超えることは極力ないようにする。
- 記述は文法的に正しい文であること。
- 「all」「always」「none」および「never」などの全称限定詞を含む表現は往々にして曖昧さを生むので避けるべきである（訳注：日本語の場合、「すべて」「いつも」など）。
- 「only」「just」「merely」「many」「few」「seldom」などの不定数量詞は使用しない（訳注：日本語の場合、「〜だけ」「たくさん」「少し」など）。
- 可能な限り、複文や複雑な文は避け単純な文を使うこと。「if」や「because」節

---

[7] Crocker, L. and Algina, J. *Introduction to Classical and Modern Test Theory*. (Mason, Ohio:Cengage Learning, 2008), 80.

を含む表現は避けること（訳注：日本語の場合、「もし〜〜ならば」「なぜなら〜
〜だからです」などの節を含む表現は避けること）。
・聞き手が容易に理解できる語彙を用いること。
・否定詞（「not」「none」「never」など）は使用しない（訳注：日本語の場合、「全
く〜ない」など）。

表6-1（170ページ）に、IntelliphonicsのJennifer Baloghが作った質問文の見本
を載せてある。これらは対面ユーザーテストセッションの最後の最後に尋ねるものだ。

質問例集は7種類の観点（ラベル付きカテゴリー）からなっている。正確さ、概念、
提示された助言（コンテンツ）、使いやすさ、会話の本物らしさ、好感度、およびビ
デオの流れ。各カテゴリーにはポジティブな表現を含む文（「ビデオのフローが良い」）
とネガティブな表現を含む文（「ビデオがよく途切れる」）の両方が入っている。好感
度はこの調査の主要な関心事であったため、このカテゴリーに当てはまるポジティブ
な表現を含む文をあと3つ加えた。

自由形式質問（口頭で被験者に尋ねる場合）

システム全体で考えたとき、いちばん好きだったことは何か？
システムを改善できるとしたら、どこを直した方がよいと思うか？
ネガティブな表現を含む文（「システムはわかりにくい」）は、ポジティブな表現を
含む文（「システムは使いやすい」）と一緒に使うよう注意されたい。

ユーザーに偏見を与えないことは重要だ。先に述べたように被験者はインタビュー
を受けていると、そうでないときよりもポジティブになることが多い。また、ネガティ
ブな質問をすると被験者は立ち止まって少し考えてから答える。これは、ネガティブ
な質問が被験者を少し動揺させるので、自分の考えを見直さなくてはならなくなるた
めだ。

以下の例では、質問は同じようなカテゴリーに分類され、観点ごとにスコアが計算
される。ポジティブ文とネガティブ文を直接比較できるようにするために、ネガティ
ブな質問への答えはスコアを逆転して、応答が1ならスコア7に、応答が2ならス
コア6に（以下同様）それぞれマッピングする。

表 6-1.
リッカート尺度による質問票の例

	(1) 全く同意 できない	(2) 同意 できない	(3) ある程度 同意できない	(4) どちらとも いえない	(5) ある程度 同意できる	(6) 同意 できる	(7) 非常に 同意できる
システムは 使いやすい。							
ビデオのフローが 良かった。							
システムは 私の言うことを 理解した。							
助言が 的外れなことが あった。							
システムの 相手をするのは 楽しい。							
ビデオに向かって 話すことは 奇妙に感じる。							
システムは わかりにくい。							
システムは 楽しめると感じた。							

	(1) 全く同意 できない	(2) 同意 できない	(3) ある程度 同意できない	(4) どちらとも いえない	(5) ある程度 同意できる	(6) 同意 できる	(7) 非常に 同意できる
ビデオがよく途切れる。							
会話がわざとらしく感じた。							
助言をもらってありがたかった。							
将来このシステムは使いたくない。							
人間と話しているように感じられた。							
このような方法で対話できるのはうれしい。							
このシステムを何度でも使いたい。							

7つのカテゴリーの各項目について回答の平均スコアを計算する。このユーザーテストのカテゴリー（とスコア）は以下のようになった（同じような質問を用いた）。

ビデオのフロー	6.00
使いやすさ	5.67
与えられたアドバイス（コンテンツ）	4.83
正確さ	4.75
好感度	4.73
コンセプト	4.42
会話の信憑性	3.75

この結果はBaloghと彼女のアシスタント（Lalida Sritanyaratana）がレポートの中でより定性的にまとめている。結論のいくつかを以下に示す。

・アプリで最も高く評価されたカテゴリーはビデオのフローだった。感想を聞かれると被験者はビデオについてポジティブな意見を言った。被験者4は「私はこのビデオようなフローが好きだ」と言った。被験者5は「ビデオはスムーズだった」と言った。もうひとつの高スコア部門は使いやすさだった。フィードバックの中にこれを裏づけるコメントがいくつかあった。被験者の多くがアプリはシンプルで明快で使いやすいと言っていた。

・最もスコアの低い分野は会話の信憑性だった。被験者たちは、アプリに対するさまざまな問いかけに対して計画的な応答が返されることに気づいていた。被験者3は「すみません。聞き取れませんでした」などの応答は不誠実に感じたと言った。被験者4は「それは構わないが、用意された応答であることはわかる」と言った。被験者6も「事前録音されていたことはわかった」と言った。

・全体的な好感度については、ほとんどの被験者が「アプリを気に入った」に同意した。この質問に対して、被験者6は中立、被験者3と4は「ある程度同意」、被験者1、2、および5は「同意」した。つまりこの質問に対する大部分の答えがポジティブだった。平均スコア5.33（5が「ある程度同意する」）は本調査の全質問の中で第3位だった。しかし、好感度のしきい値である5.5を達成するに

はまだ改善が必要だ。

注目すべきこと

被験者を観察する際（リモートテストの場合はビデオを見ているとき）、ユーザーがやったこと、やらなかったことだけでなく、表情や身振りのメモを取っておくことも重要だ。予想外の箇所で笑ったことがなかったか？ アプリに特定の質問をされたときに不快感を示さなかったか？

VUIのユーザビリティーテストを実施する際に注目すべきことを、他にいくつか挙げておく。

- ユーザーはいつ話してよいか、いつ話してはいけないかを知っているか？ つまり、話すことが許可されていることを知っているか、知っている場合「いつ」話し始めればよいかをわかっているか？

- 音声認識の準備が整う前の早期段階にテストをする場合、ユーザーは何を言うか？ それを取り込むことはどれほど現実的か？

- どこで迷ったり、ためらったりしたか？

- タスクの長さ：ユーザーがタスクを完了するのにどれだけ時間がかかるか？

もしユーザーが、「今何をすればいいですか？」とか「このボタンを押してもいいですか？」と尋ねたとき、直接的に答えてはいけない。ユーザーがひとりでいるときにするように振る舞ってほしいと、それとなく伝えること。もしアプリが落ちてしまったり、被験者に不満が溜まっているようであれば介入すること。

6.4　初期段階でのユーザーテスト

コンセプトのテストをするのに早すぎることはない。モバイルデバイスのテストに用いられてきた伝統的手法に加えて、VUIのUXリサーチャーは、他にもいくつかローファイ（訳注：あまり作り込まれていない、粗い状態のこと）のアプローチをとることがある。

対話サンプル

　VUIの初期コンセプトが決まったあと、早期テストの最初のステップのひとつが、対話サンプルを作ることだ。2章に書いたように、対話サンプルとはVUIとユーザーとの間の会話例を意味する。これは包括的に網羅することが目的ではなく、最も頻度の高い手順や、エラーリカバリーのようにまれではあるが重要な手順を確認することが重要だ。

　対話サンプルは映画の台本に似ていて、システムとユーザーが交互に対話する。

　これは、ユーザー（子供）があこがれのサンタクロースと会話を交わすアプリの対話サンプルで、Robbie PickardがVolioにいたときに書いたものだ。

サンタクロースと話す

サンタクロースが大きな赤い椅子に腰掛けて、ユーザーと向かい合っている。後ろにはおもちゃ工場がある——忙しい場面だ。

サンタクロース：ホー！ ホー！ ホー！ メリークリスマス。ようこそ北極へ！ きみのお名前は？

ユーザー：クラウディア。

サンタクロース：すてきなお名前だね。歳はいくつ？

ユーザー：7歳。

サンタクロース：7歳！ すばらしい。クリスマスまでもうすぐだね。クリスマスは楽しみかな？

ユーザー：うん！

サンタクロース：私もだよ！

ミセス・クロースがサンタにミルクとクッキーを持ってくる。

ミセス・クロース：はい、サンタ。ミルクとクッキーを持ってきたわ。

サンタクロース：ありがとう。

サンタがクッキーを2枚持ってユーザーに見せている。1枚はチョコレートチップ、もう1枚は砂糖で雪だるまを描いたシュガークッキーだ。

(ユーザーへ)：美味しそうですね……よかったら選ぶのをお手伝いしてくれるかな。チョコレートチップと雪だるま、どっちのクッキーを食べたらいいかな？

ユーザー：両方食べて！

サンタクロース（クスクス笑いながら）：なんと、それはクッキーの食べ過ぎだけど、きみが望むなら。

サンタがクッキーを2枚続けて大きくかじってコップ1杯のミルクで流し込む。

サンタクロース（続き）：うーん、これは美味しい！ わかると思うけどミセス・クロースのクッキーは最高だ！
（お腹をさすりながら）
いいかい？ 私は小人たちと一生懸命みんなのおもちゃを作っているところだ。
きみに聞いておきたいことがある。今年は悪い子だったかな、それともいい子だったかな？

ユーザー：いい子だった！

サンタクロース：それはよかった！ 今年はどんないいことしたのかを教えてく

れるかい？

ユーザー：ママのお掃除をお手伝いしたよ！

サンタクロース：それは偉かったね！

サンタが巻物を出して何かを書き始める。

サンタクロース：きみをいい子リストに載せよう。ここで大切なことを教えてほしい。クリスマスプレゼントは何が欲しいんだい？

ユーザー：スケートボードとバックパック！

サンタクロース（いつものように陽気に）：うん、それなら私のそりに載りそうだ！私のためにクッキーとミルクを忘れずに！

――終――

　対話サンプルをいくつか書きあげたら、他の人たちと「読み合わせ」を行う。ひとりがVUIになり、ひとりがユーザーになる。どう思う？　くどいかな？　堅苦しい？
　開発者とも読み合わせをする。デザインの中に、複雑な開発が必要で（固有名詞を扱ったりユーザーの以前の行動を参照する）、事前に了解を得ておくことが重要な部分があるかもしれないからだ。
　読み合わせでよく発見されるのが、「ありがとうございます」とか「わかりました」が3回続くような、同じ言葉による遷移が多すぎるケースだ。

モックアップ
　他のモバイルデザインと同様、モックアップは早期段階でアプリのルック・アンド・フィールをテストする優れた方法だ。アバターを使うなら、アバターを見てユーザーがどう反応するかを観察するのにモックアップは良い出発点だ。その際、まだアバター

が動かなくても、まだ音声認識が実装されていなくても構わない。

オズの魔法使いテスト

カーテンの後ろにいるあの男に目をくれるな！
THE GREAT AND POWERFUL OZ

　オズの魔法使い（WOz：Wizard of Oz）テストは、テストの対象となるシステムがまだ存在していないにも関わらず、「カーテンの後ろ」にいる人間によって完全に動作しているシステムが存在しているかのように見せかけるテストのことである。

　WOzテストはデザインプロセスの早い段階で活用する。Harrisによると、WOzテストは「音声システムデザインの創造プロセスの一部であり、ユーザーにもうじき届けることができるような段階まで開発が進んだ完成寸前のモデルの校正装置ではない」[*8]

　WOzテストを実施するためには、リサーチャーが2名必要だ。魔法使いとアシスタントだ。魔法使いは主にユーザーの声を聞き、次のアクションを有効にすることに集中する。このため魔法使い役が、インタビューやメモを取る責任者になることはできない。

　私がNuance Communicationsにいたとき、WOzテストはIVRシステムをビルドする前にテストするための、よく使われる低予算な方法だった。ユーザーとは電話越しにやりとりするため、実際のIVRシステムの真似をすることは容易だった。われわれはウェブベースのツールを開発した。そこには会話の各ステップで利用可能なプロンプト（エラープロンプトを含む）のリストがあり、「魔法使い」が適切なプロンプトをクリックすると、電話回線を通じてその音声が流れる。

　われわれはまだ、フローをデザインしプロンプトを録音しなければならなかったが、システムコードを書く必要はなくなった。シンプルなHTMLファイルを書くだけだ（たとえば、図6-1）。

　モバイルアプリ上でWOzテストを実施するにはコツがいる。リモートで操作するよりもずっと困難だからだ。それでも、完全に動作するプロトタイプを作る前にユーザーデータを集めておくことには価値がある。動作するアプリができる前にこのタイプのテストを実施する方法をいくつか紹介する。

[*8]　Harris, R. *Voice Interaction Design: Crafting the New Conversational Speech Systems*. (San Francisco, CA: Elsevier, 2005).

```
PREVIOUS STATE:     GetZipCode
CURRENT STATE:      GetPhoneNumber
NEXT STATE:         ConfirmPhoneNumber

Initial prompt:  "Please say or key in your 10-digit phone
number."

Error 1:  "I'm sorry, I didn't get that.  Please say or key in
your phone number."
Error 2:  "I'm sorry, I still didn't get that.  Please say or
key in your 10-digit phone number."
Max error:  "I'm sorry for the trouble.  Please hold while I
transfer you…."


Help
Operator
Main Menu
```

図 6-1.
IVR テストを実施するときの WOz 画面

テキストメッセージを使う

これは音声認識のシミュレーションではないが、会話の全体フローやユーザーの言いそうなことを把握できる。この方法を使うために、ユーザーには、このあと新しく開発したボットとメッセージのやりとりをすると伝えておく。しかし、ユーザーは気づいていないが、メッセージの送り先には人間がいる。この方法を実施するのは簡単で、被験者に最初のプロンプトを投げかけ、そこから進めていけばよい。

中断されたタスクを利用する

ユーザーがある状況下で何を言ってよいと思っているかを知りたい、という場合もあるだろう。たとえば、AI アシスタントをデザインしているなら、アプリで「何かお手伝いすることはありますか？」と質問して、ユーザーの応答を集めることができる。そこで終わってしまっても構わない。実際の音声認識は必要ない。画面のモックアップとプロンプトがあればよい。

エラーアウト

音声認識が完全に動作する前にテストする際に利用できる技術のひとつに、エ

ラーアウトという方法がある。たとえば、アプリがユーザーに「旅行は何人で行きますか？」と質問したあと、認識できなかった場合の行動として「すみません。何人ですか？」などと言って GUI で選択肢（ボタンなど）を表示する。これでもユーザーとシステムとの関わり方について貴重な情報を得ることができる。

VUI ができる前に GUI をテストする

モバイル VUI アプリはマルチモーダルインターフェースで作られることが多いので、さまざまな GUI の要素を Axure（訳注：https://www.axure.com/）や InVision などのツールを使ってテストすることができる。これらのツールはモックアップだけでモバイルアプリのシンプルな動作モデルを作ることを可能にし、ユーザーが画面をスワイプしたりボタンを押したりすることで特定の動作を発生させることができる。Axure はオーディオ再生のプロトタイプにも利用できる。

WOz とユーザビリティーテストの違い

VUI で行う WOz とユーザビリティーテストには大きな違いがひとつある。それは認識精度だ。

GUI で WOz を実施する場合、ユーザーが画面の「どこ」をクリックしたか、どの部分をスワイプしたりタップしたのかはかなり正確にわかるのが普通だ。そこに曖昧さはない。ボタンやリストをプログラムと結びつければ、すぐに期待通りの振る舞いをする。

VUI や自然言語インターフェースの場合、魔法使いがリアルタイムにある程度の解釈をして、それが現実的に認識可能かどうかを判定する。それが容易でユーザーの発話が明らかに文法通りであることもある。しかし、もっと複雑な場合もあり、そのとき魔法使いはユーザーの真意が何であるか、果たして処理可能なのかどうかを瞬時に決断しなければならない。

魔法使いとしては安全サイドに立つ必要があるが、心配しすぎる必要はない。それでもテストは初期の問題を捉えるうえで十分役に立つ。

6.5　ユーザビリティーテスト

ユーザビリティーテストとは、動作可能なアプリが準備できた段階で行うものである。システムは、テストしたい機能がすべて完全に動作する状態になっているべきだ。たとえばユーザープロファイルや検索履歴などの個人情報を必要とする項目をテスト

する場合は、ダミーアカウントを作る必要がある。バックエンドとまだつながっていない場合でも、ハードコードされた情報を使ってテストすることができる。

一般的にユーザビリティーテストは、認識精度のテストを目的としていない。会話のフローと使いやすさをテストするのが目的だ。しかし、音声認識に関わる事象は問題の原因となる可能性があり、ユーザーがタスクを完了する妨げになる恐れがある。可能であれば、最初に数人の被験者でテストをして重要な音声認識の問題を見つけだし、修正してから本格的なテストに入るのが望ましい。いずれにせよ、音声認識の問題が認識すべき重要な課題であることは間違いない。もし、ユーザーの発話が正しく音声認識されなかったために問題が起きる特定の場面があるなら、それは明らかに対応する必要がある課題である。

従来型のユーザビリティーテストはラボで行われることが多いが、それだけが成功するユーザビリティーテストのやり方ではない。

リモートテスト

いまだにリモートテストに眉をひそめるリサーチャーもいるが、正しく行えば非常に効果的だ。リモートテストの利点には以下のようなものがある。

- 求める属性のユーザーを集めるのが容易である。なぜなら近くに住んでいる必要がないから。
- 一般に費用は安い。交通費を払う必要がないから。
- 現実世界の状況に近いため、「自然な状態」でのテストに向いている。
- ユーザーが人目を気にすることが少ない。テスト中に誰かに見つめられることがない。
- 管理下でも非管理下でも実施可能。テストは実施担当者がその場にいなくても行える。

管理下あるいは非管理下

先ほど述べたように、リモートテストではテスト担当者の関与に関して柔軟性が高い。リモートテストであっても、ビデオ会議や電話を使うことによって、被験者を観察したりインタビューしたりすることは可能である。管理されたテストとは、担当者が被験者を見ていて、被験者の行動に応じて質問したり、解答に不足があるときに詳細を尋ねることができるという意味だ。

しかし、リモートテストは担当者が**不在**でも実施できるので、被験者は自分にとっていちばん都合のよい時間にタスクを実行できる。非管理下のリモートテストも、ユーザビリティーテストを行う非常に効果的な方法になりうる。

ビデオ録画

リモートテストの最中、担当者は当然その場にいないので、ユーザーに何が起きているかを記録する手段を考える必要がある。オーディオ機能のないモバイルアプリをテストする場合は、スマートフォンのスクリーン記録アプリが役に立つ。しかしアプリが話して、ユーザーがアプリに話しかける場合は難しくなる。

ウェブカムを所有しており、かつテスト中の様子を録画できる被験者を集めてくれる会社も存在している。しかしこれは費用が高くなるだけではなく、ウェブカムなどの記録装置を持っていて、かつそれを使いこなせる被験者しかテストできないという制約が加わる。

私がVolioにいたとき、会社ではすでにiPad用に開発したピクチャーインピクチャー機能(ユーザーはFaceTimeのように自分の顔を画面の隅で見ることができる)を使ってユーザーのオーディオとビデオを記録していた（図6-2）。リモートテストでは、ユーザーの話すターン以外も記録状態にしておくだけで、表情や音声を取り込むことができた（もちろん本人の許可を得たうえで行い、データは社内にとどめた）。

図 6-2.
このVolioアプリを使っている間は、ユーザーの映像を記録できるので、ユーザーテストに利用できる

この方法は驚くほど効果的であることがわかった。ユーザーが自分のターンにアプリに話しかける言葉を取り込むだけでなく、提示されたコンテンツに対するユーザーの反応を観察することもできる。たとえば、われわれのスタンダップ・コメディアンのインタラクティブアプリをテストした際、コメディアンがジョークを言っている間にユーザーの表情を観察することができる――笑っているのか？ 退屈そうか？ 気分を害していないか？

ユーザーはいくつかタスクをこなしたあと、アンケートに答える。それを元にユーザーのシステムに対する主観的知覚に関する情報を得られる。この種のリモートテストの弱点は、被験者の反応をリアルタイムでフォローできないことだ（IVRシステムをテストしているときを除く）。しかし、利点が弱点を補って余りあることの方が多い。

リモートテスト向けサービス

ユーザビリティーテストを実施するために、いろいろ工夫が必要になる場合がある。テストにあまり予算をかけられない小さな会社では特にそうだ。

リモートテストのもうひとつの実施方法は、被験者募集に Amazon Mechanical Turk のようなサービスを使うことだ。「ワーカー」たちは Mechanical Turk に登録し、「リクエスター」はワーカーがオンラインで作業できるタスクをウェブページ経由で作る。ワーカーは自分のやりたいタスクを選んで実行し、リクエスターは報酬を支払う。図6-3は、Mechanical Turk のワーカーがタスクを実行するときに見る画面を表している。[*9]

D+M Holdings で VUI デザインの責任者を務める Ann Thyme-Gobbel は、Mechanical Turk を効果的に使って、音声合成（TTS）と録音済みプロンプトの比較テストを行った。彼女は Turk のワーカーたちに、さまざまな感情のプロンプト（喜んでいる、がっかりしている、自信がなさそう、など）を聞かせたあと、信頼度や好感度について補足質問を行った。

Thyme-Gobbel はリモートテストにはラボテストと比べてさまざまな利点があると感じている。それは、被験者がラボに来る必要がないというだけではない。リモートテストの方が「現場」のシーンを再現しやすい。彼女の示した例では、ユーザーが電話で薬の処方を依頼する。そのために、ユーザーは家にある実物の薬の容器（訳注：アメリカでは処方薬は日本のような個包装のシートではなく、オレンジ色のプラス

[*9] この例は Amazon の「How to Create a Project」という資料から取った（https://docs.aws.amazon.com/AWSMechTurk/latest/RequesterUI/CreatingaHITTemplate.html）。

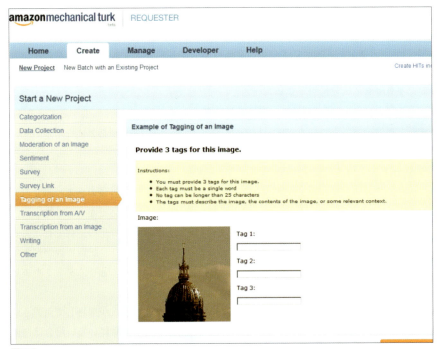

図 6-3.
Amazon Mechanical Turk のサンプルタスク

チック製容器に入れられている。容器の側面に処方せん番号などが記載されたラベルが貼られている）を取ってきて、処方せん番号を読み上げる。電話をつないだまま家の中を歩き回らせることで、ラボでボトルを渡すよりもずっと現実的なテスト環境を実現できる。

　音声対応の料理アプリ「Yes, Chef」のユーザー調査を行ったとき、Conversant Labs はテストを実際のキッチンで行い、本物のレシピを使うことで、人々が実際に料理しているときの話し方をアプリが理解できることを確認した。

　さらに Thyme-Gobbel はリモートテスト中の被験者の様子についてこう書いている。

> 被験者はより多くのことを話す。ラボで担当者が一緒にいると、何かが起きたとき、彼らは「ほら、見ましたよね？」と言うだけで、何が起きたと思ったかを説明しないことが多い。

被験者には十分な謝礼を支払うこと。これは外部委託した場合でも同じだ。Mechanical Turk は自分でユーザーを集めるよりもずっと安上がりな方法だが、だからといって公正な謝礼を支払わない理由にはならない。こうした手法を使うことは、同じ予算で多くの被験者を集められるという意味でもある。参加者全員が求める属性である場合は、ユーザビリティー調査の被験者は 5 〜 10 人、という原則が当てはまる。被験者属性のコントロールが難しい場合はさらに多くの参加者が必要になる。

ラボテスト

従来型のユーザビリティーテストは、マジックミラーと録音設備のあるラボで行われることが多い。あらかじめ記録設備を用意しておくことは、必要なものを確実に記録する最善の方法だ。ラボテストの利点は、ユーザーテストを専用の空間で行えること（VUI テストのために静かな場所が必要な場合は特に重要）、記録装置が恒久的に設置されているために、被験者が同席した担当者を気にすることなくタスクを実施できることだ（マジックミラーを使う場合）。

短所のひとつは費用だ。ラボの維持費用に加えて、被験者本人が来場して束縛されることに対する謝礼が必要になる。また、求める対象者層が近隣にいない場合は、属性が制約されることもある。

もちろん、ラボテストにもいくつか種類がある。専用スペースは特に小さな会社では持つことが難しいが、必ずしも必要ではない。静かな個室があれば十分用が足りる。ユーザーの見ているものを担当者が見るためのカメラがあれば理想的で、カメラがあることで観察するために近くに座る必要がなくなる。

ゲリラテスト

ユーザーテストを行う予算がない場合、外へ出かけていって見知らぬ人にアプリを試してもらう必要があるかもしれない。コーヒーショップやショッピングモール、公園などその場で試してもらえる被験者を見つけるのに効果的な場所はいろいろある。モバイルデバイスとタスクの定義、質問リスト、そして謝礼を持っていくのを忘れずに。自家製クッキーやスターバックスのギフトカード、たとえステッカーであっても 5 分から 15 分アプリを試してもらう十分な動機になりうる。被験者には、彼らがより良いアプリをデザインする手助けをしていて、フィードバックが他の人々の役に立つということをしっかり伝えることが大切だ。

6.6　測定基準

　測定データは、定性的なデータと定量的なデータの両方を集めることを推奨する。この組み合わせが重要なのは、ひとつの評価は必ずしも全体像を表さないからだ。たとえば、ユーザーはタスクをうまくできたと思っていても、デザイナーであるあなたは何かが気に入らないかもしれない。あるいは、厳密にはタスクは成功していないが、気にする必要がないという場合もある。

　Baloghがこう説明している。「被験者が失敗しても、本人は気にしていないこともある」。私はVolioのユーザビリティーテストでこれを体験した。いくつかのケースで、ユーザーの発話が正しく認識されないことがあったのだが、エラー対応が比較的穏やかだったために、ユーザーはそのためにアプリを低く評価しなかった。もし、エラー回数だけを記録していたなら、結果は違っていただろう。

　定量的な評価を行うためには、観察結果を集計し、印象だけに頼らないことが重要だ。Baloghがこう言っている。

> ときとして、ある被験者があなたに強い印象を与えたが、実際の行動回数を数えてみると、結論はこのひとりの人物が経験したものとは異なっていることがある。

　彼女は、ある研究を引用して、VUIシステムをテストする際の重要な評価基準を5種類挙げている。それは正確さとスピード、認識能力、透明性/複雑さ、親しみやすさ、声[10]である。

　タスクごとに「タスク完了」の意味を事前に決めておくこと。ユーザーがタスクを途中まで実行して、完了する前にやめてしまった場合でも、完了と見なせることがある。たとえば、ユーザーが最寄りの薬局を見つけたが、地図へのリンクをクリックしなかった場合、これも成功と考えられるかもしれない——おそらくそのユーザーは薬局の開いている時間帯を知りたかっただけだ。もしユーザーが作業を終えたら（自発的でもそうでなくても）、必要なことを完了できたと思っているかを尋ね、もし思っていなければ理由を聞こう。

　エラーの回数と種類を記録することはVUIシステムでは極めて重要だ。たとえば、拒否（rejection）エラーは誤認識（ユーザーの発話が別のことを言ったように認識さ

---

[10]　Larsen, L.B. (2003). "Assessment of spoken dialogue system usability: What are we really measuring?" Eurospeech, Geneva.

れる）とは異なる。また、エラーのあとに何が起きたかを記録しておくことも重要だ。ユーザーはエラーから回復したか？ そのためにどれだけ時間がかかったか？

6.7　次のステップ

　被験者がテストを終えたら、質問に対する回答や、タスクの完了率、エラーの数と種類などを集計する。

　ペインポイント（悩んだ箇所）を特定する。ユーザーはどこで苦労していたか？ いつ話してよいか理解していたか？ どこで迷子になったか、あるいは苛立ったか？ うまくいかなくなったとき、立ち直ることかできたか？

　観察したことを書き出し、提案リストを作る。問題を重要度順にランク付けし、それをチーム全員と共有して、いつどうすれば修正できるかの計画を立てる。

6.8　車載、デバイス、ロボットのVUIシステムをテストする

　VUIをIVRやモバイルアプリ以外の環境でテストする場合には、いくつか異なる条件が適用される。

車載システム

　車の中のテストは難しいが興味深い。大手自動車メーカーや一部の大学ならドライビングシミュレーターを持っているが、小さな会社でその費用を賄うことは難しい。低コストの選択肢として、車のモックアップを使う方法がある。モニターにはドライビングシミュレーターが映し出され、ハンドルとドライブアプリ自身を動かすスマートフォンまたはタブレットのホルダーを備えている。

　電気自動車メーカーのNEXTEVでリードUXデザイナーを務めるLisa Falksonは、しばしば本物の車の中でユーザビリティーテストを行うが、車はパーキングロットに止めた状態で行う。このテストによってFalksonは、ユーザーがどうシステムと対話するか、どの程度気を散らされるか、何ができて何ができなかったかなどについて貴重な情報を得ることができた。それもユーザーが実際に運転するよりもずっと安全な環境で。

　自動運転車メーカーのZooxで、ユーザー体験の責任者を務めるKaren Kaushanskyは、初期のユーザーテストに完動するプロトタイプは必要ないことを改めて教えてくれた。MicrosoftでFord SYNCのシステム（ユーザーがボタンを押し

て通勤所要時間を聞いたり、その他の機能を利用したりできる）を開発していたとき、彼女はローファイのアプローチを用いて WOz テストを実施した。

　車にはまだ「プッシュトゥトーク」ボタンが付いていなかったので、彼女はハンドルに発泡スチロール製のボタンを取り付けた（図 6-4）。パーキングロットの中で、後部座席にはノートパソコンを持った魔法使いが座り、将来は車から聞こえるようになるはずのプロンプトを再生する！　被験者はすぐにこの体験に没入し、開発チームはユーザーがどうやって交通情報を尋ねるかなどを発見し、有効な初期テストを行うことができた。

図 6-4.
Ford SYNC のプロトタイプには発泡スチロール製の「プッシュトゥトーク」ボタンを備えている（K.Kaushansky の許可を得て掲載）

デバイスとロボット

　Kaushansky は、車だけでなくその他のデバイスを早期段階でテストする方法についても語っている。彼女はこれを「体験プロトタイピング（experience prototyping）」と呼んでいる。たとえば、スマートウォッチを開発しているが、最初のモデルができるまでにしばらく時間がある、という状況を想像してほしい。それができる前であっても、そのデバイスを持つのがどういうことかテストすることができる。腕に付けてショッピングモールを歩き回りながら、時計に向かって話すのだ。Kaushansky が言うように、ディック・トレイシーのように口元に時計を持っていって「明日の天気は？」と言う。

Tom Chi が 2012 年の TED トーク（訳注：https://www.youtube.com/watch?v=d5_h1VuwD6g）で、Google Glass のラピッドプロトタイピングについて話していたように、「やってみることが最高の考察」だ。言い換えれば、あなたの作ったデバイスを人がどう使うだろうかといくらでも考えることはできるが、**実際に使ってもらうことに勝るものはない**（たとえ、荒削りなプロトタイプであっても）。

たとえば、Amazon Echo のようなシステムをテストするなら、何かをでっち上げて WOz テストを行うことができる。必要なのはデバイスでプロンプトを再生することだけだからだ。

デバイスを置いた部屋にユーザーがいて、別の部屋には魔法使いがパソコンに向かって、ユーザーのクエリに対する応答プロンプトを再生するべく待ち構えているところを想像してほしい。

WOz 方式はロボットをテストするときにも使える。Mayfield Robotics のリード UX デザイナー、Ellen Francik は、ユーザーの入力に対するロボットの応答に対して、人がどのように反応するかをテストする必要があった。ロボットにマイクロホンが付くよりも前に、彼女は WOz を設定してこのシナリオをテストすることができた。

魔法使いは iPad アプリを使い、Bluetooth 経由でロボットと接続してロボットの動作、サウンド、アニメーションなどを制御する。ユーザーがロボットに命令を出したり、質問をすると、魔法使いが適当な音を鳴らしてロボットを動かす。こうすることで、Francik はユーザーがロボットの（非言語的）応答を理解しているかどうかをテストすることができた。ユーザーはロボットが「はい」と言ったことを知っていたか？ ユーザーは、ロボットが「わかりました！」を表す応答をしたことを知っていたか？

テストはロボットが実際に使われる場所（ユーザーの自宅）で行われたため、魔法使いを隠そうとはしなかった。Francik によると、そのことはテストの妨げにならなかったという。ユーザーは進んでロボットと対話し、テスト結果は非常に価値の高いものとなった。

6.9 結論

VUI デバイスのユーザーテストには他のタイプのユーザーテストと多くの共通点がある。開発段階で、できる限り多くテストを行う。ユーザー属性を慎重に選ぶ。適切な機能を実行するようにタスクを設定する。被験者を誘導しない。的確な質問をする、などだ。

VUIアプリのテストの方が難しいのは、伝統的手法（ユーザーがテストで声を出して、画面キャプチャーソフトを使ってユーザーの行動を記録する）は適さないことが多いからだ。ただし回避策はある。たとえば、音声認識が実装される前にテストを行い、魔法使いがプロンプトを再生する。あるいは、テキストのみのバージョンを使うこともできる。重要なのは、ユーザーが満足できる形でタスクを完了したかどうかをテストすることであり、すばらしい機能が動作するかどうかではないことを忘れてはいけない。「タクシーを呼んで、レストランの予約を取ってから、ママに花を贈って」と言えるようにしたからといって、ユーザーが実際にそう言うとは限らない。

　5章でも述べたとおり、データ収集は成功するVUIを作るために不可欠な要素だ。テストフェーズの中でデータを収集することは、早期段階にVUIの能力を高める有効な手段だ。ユーザーがあなたのシステムとどのように話し、どのようにやりとりするかをテストを通じて学習し、それに基づいてVUIを開発しよう。

7章
VUI 完成後にすべきこと

おめでとう！ついにあなたの VUI のデザインと開発が終わった。

さて、次は何をすべきか？

ここで仕事を終わりにして、あとはアプリを世に出して利益をあげて報酬を手にすることができればすばらしいことだ。しかし、事態はそう単純ではない。まず、アプリのすべてを徹底的にテストしなければならない。次に、アプリが公開されたらシステムが正しく動いているかどうかを実際に検証する必要がある。幸いなことに、システムの性能を追跡、分析するための標準的な方法があるので、その情報を VUI の調整と改善に利用することができる。

本章では、VUI 固有のテスト作業をいくつか紹介し、何を記録する必要があるかを詳しく述べ、そのデータの活用方法を解説する。

7.1　リリース前のテスト

まずテストについて。この時点であなたのアプリは一般的な手法によるテストを終え、さまざまなデバイスで動作することが確認され、ユーザビリティーテストや、基本的な品質検査も完了していると仮定しよう。ではこれから VUI 固有のテストについて考えよう。

ダイアログ横断テスト

VUI に不可欠なテストのひとつに、自動音声応答（IVR）システムの世界で「**ダイアログ横断テスト（DTT：Dialog Traversal Testing）**」と呼ばれているものがある。ここで言う「ダイアログ」とは、会話フローの中のある状態を指し、通常ひとつの質問にユーザの応答が続く。そこにはあらゆる遷移、エラープロンプト、ヘルププロ

ンプトなどその状態で起こりうることがすべて含まれている。

IVRシステムでどのように実施されているかが『Voice User Interface Design』に以下のように書かれている。

> ダイアログ横断テストの目的は、システムがダイアログの詳細仕様を正確に実装していることを確認することにある。テストには運用中のシステムを利用し、電話を経由してすべてのダイアログを横断するテストスクリプトを実行する。各ステップでは正しいアクションが実行され、正しいプロンプトが発話されなくてはならない。
>
> テスト中、あらゆるダイアログ状態が呼び出されなくはならない。それぞれのダイアログでは、すべてのユニバーサル命令とすべてのエラー条件がテストされなくてはならない。たとえば、認識棄却に対する行動をテストするために、文法外の発話を試すべきだ。無音タイムアウトをテストするためには、沈黙状態を試してみるべきだ。そして、複数のダイアログ状態の中で複数の連続エラーを起こして、正しい行動を起こすことも確かめるべきだ。[*1]

現在のVUIには、初期のIVRシステムと共通する部分が数多くあるが、異なる部分もある。たとえば、VUIを電話経由で利用することはない。スマートフォンに搭載されているアプリを使うのが普通だ。また、AIアシスタントのようなシステムでは、対話のツリーは非常に幅広いが、非常に浅い。たとえば、主要なプロンプトは、「何かお手伝いしましょうか?」のようなものになる。この場合、あらゆる基本機能がこの時点で正しくアクセスできることをテストする必要がある。DTTは、各機能に対して話される可能性のあるすべてのダイアログをテストするわけではなく、その機能を呼び出せることを確認しているだけ。もっと複雑なシステムでは、完全なDTTを行うこと自体、費用がかかりすぎて困難になる。その場合は、できるだけ多くの重要な経路(および頻繁に起きるエラー)をテストをすることに注力する。

ここでは、無音タイムアウト(ユーザーが何も言わなかったとき)や不一致(何かは認識されたが、システムは何をすればよいかわからなかった)などのエラーをテストすることも重要だ。

[*1] Cohen, M., Giangola, J., and Balogh, J. *Voice User Interface Design*. (Boston, MA: Addison-Wesley, 2004), 6, 8, 75, 218, 247-248, 250-251, 259.

ツリーがより深く、固定していて、より対話型な VUI システムでは、あらゆる状態／ダイアログを呼び出すことが不可欠だ。私はよくフロー図をプリントして、テストをしながら書き込んでいく（図 7-1）。横断テストは時間がかかるので、状態を飛ばしたくなる誘惑にかられるが、ユーザーはきっとあなたの配慮に感謝するだろう。少なくとも、あなたのミスを呪うようなことはない。

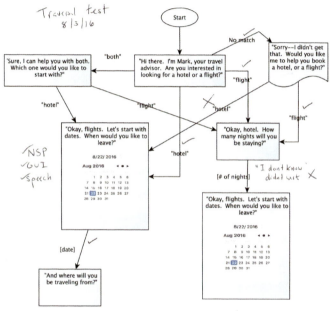

図 7-1.
横断テストフロー図のサンプル（訳注：原著の図をそのまま掲載している）

認識テスト

　IVR の世界では、**認識テスト**は基本認識パラメータが正しく設定されていることを確認するために実施される。通常少人数（10 ～ 20 人）で行われ、それぞれが事前に決められたスクリプトに沿ってテストを行う（図7-2 にスクリプトのサンプルがある）。
　現在のクラウドベース音声認識では、調整の必要なパラメータは少なくなったが、それでも役に立つ作業だ。『Voice User Interface Design』が指摘しているように、ここでチェックしておくべきなのは終端検出（end of speech）パラメータの設定だ。

一般に、電話番号を言うときは、局番や番号の切れ目で息継ぎをするため、平均より長めのタイムアウトが必要だ。このパラメータは、使っている音声認識エンジンによっては変更が可能なので、テストの初期段階に確定させて、パイロットテストのユーザーが困らないようにすることが大切だ。

予測されるフレーズのリストに追加すべき誤認識が引き出されることもある。たとえば、私がデザインしていた医療アプリは「vial（小びん）」を「vile（不快な）」や「file」とよく誤認識した。こうした情報を事前に追加しておくことで、多くのユーザーが初めからうまく使うことができる。Anne Thyme-Gobble が指摘するように、「医療向けに調整された」辞書を使っても、この問題を避けられるとは限らない。一般に、ユーザーは医学の知識を持っておらず、自分の状況を表す特定の言葉を少しだけ使っているからだ。これは医療記録などを口述筆記するのとは大きく異なるユースケースである。

認識テスト
旅行バーチャルアシスタント
2016-8-22

アプリを起動して以下のスクリプトに従ってください。

Mark：
こんにちは、旅行アドバイザーの Mark です。ホテルかフライトをお探ししましょうか？

あなた：
ホテルをお願いします。

Mark：
ホテルですね。何泊ですか？

あなた：
3泊です。

Mark：
わかりました、ではいつから宿泊されますか？

図 7-2.
認識テスト用のサンプルスクリプト

負荷テスト

　負荷テストは、多くのユーザーセッションが同時に進行している負荷の下でシステムが動作することを検証するために行う。これは使用している認識システムのタイプによっては必要になる。モバイルアプリの負荷テストをシミュレーションするサードパーティーサービスも存在する。それはわれわれが Nuance の創成期に行っていた方法よりはるかに洗練されていた。当時は同僚の Madhavan が廊下を走りながら「負荷テスト！」と叫ぶと、全員が受話器を取ってシステムを同時に呼び出していた。

　負荷テストは、ユーザー数が一定数を超えたときに、バックエンドがダウンしたりノロノロ運転になるかどうかを教えてくれる。そして、それはテスト中に見つける方が、アプリが本番運用になってから見つけるよりはるかに良い。

　これでテストフェーズが終わったら、最初のパイロット版の公開について考えるときだ。

7.2　性能を測定する

　パイロットテストを始める前に、ゴールを定義する必要がある。これは、具体的に何を測定すべきであるかを決めるのに役立ち、その結果システムが何を記録すべきかを決めることができる。ゴールはできるだけ早く決めておくべきだ。そうすれば、公開直前になって副社長の知りたい詳細データをアプリが追跡していなかったことがわかる、といった悲劇を避けることができる。

　著書『How to Build a Speech Recognition Application』の中で、Bruce Balentine と David Morgan がこのプロセスを説明している。

> アプリケーションが公開されるずっと以前に、開発者と開発中のアプリケーションの対象クライアント（マーケティング、営業、サポート、その他のステークホルダー）の両方が、アプリケーションのゴールと目的を明示すべきだ。目的のひとつひとつについて、成功基準も明らかにしておく必要がある。認識精度のみで成否が測られることがあまりにも多い。おそらくこれは最悪の測定基準だ。認識率 90％で問い合わせの 85％を自動化するアプリケーションと、認識率 97％で問い合わせの 40％を自動化するアプリケーションとどちらがよいか考えてほしい。[*2]

[*2] Balentine, B. and Morgan, D. *How to Build a Speech Recognition Application: A Style Guide for Telephony Dialogues*. (San Ramon, CA: EIG Press, 2001),213, 309-311.

BalentineとMorganが書いているように、これらのゴールを決めるときに、ステークホルダーを巻き込むことは不可避だ。デザイナーとマーケティング、営業、その他の部門は、何を測定すべきであるかについて、同じ考えを共有しているとは限らない。デザイナーにとって最大の関心事は、ユーザーがシステムを正しく使えて、作業を完了できるかどうかだろう。事業開発部門の責任者としては、どれだけの件数を自動化できるかにもっとも関心があるかもしれない。ビジネス上のステークホルダーはこのプロセスで音声チームを活用する。なぜ測定には難しいものと簡単なものがあるのか、目的の値を実際に測定できるのかできないのかを説明してくれるからだ。

これらのゴールをあらかじめ一緒に定義していれば、測定できるものできないものを決めるだけでなく、成功の基準を明らかにすることもできる。成功基準を公開「後」に決めることは、双方にとって苛立ちの種になりかねない。

成功基準の例をいくつか挙げる。

- ホテル予約を開始したユーザーの60%が完了した。
- ユーザーの85%が1日の健康データ入力を月間20日以上完了した。
- 曲の再生のエラー率が15%未満だった。
- リリース初月に、500人のユーザーがアプリをダウンロードした。
- アプリのユーザー満足度調査の平均評価が4つ星以上である。

タスク完了率

VUIの成功を測る重要な指標のひとつに**タスク完了率**がある。タスク完了とは、ユーザーがあるタスクを首尾よく開始して完了することを言う。BalentineとMorganはこれを「美しい結末」と呼んでいる。[3]

モバイルアプリのタスクはひとつかもしれないし、たくさんあるかもしれない。測定するためにはそれぞれのタスクをあらかじめ定義しておく必要がある。いつタスクが完了したかを決めるのは簡単そうに思えるかもしれないが、細かい部分で注意しておくべきことがある。Ann Thyme-Gobbelはあるクレジットカード・アプリケーションの例を示した。「支払い」タスクでは、ユーザーが請求残高の支払いを完了した時点で成功したと見なす。しかし、Thyme-Gobbelらは、高い比率のユーザーが、タスクを完了する前に離脱したところを見た。

---

[3] Balentine, B. and Morgan, D. *How to Build a Speech Recognition Application*, 213, 309-311.

当初Thyme-Gobbelらはなぜそうなるのか不思議だった。認識性能は十分だった。最終的に、多くの人々がタスクの「最初」の部分で中止していたことがわかった。現在の請求金額と支払期限を聞く部分だ。これに気づいたあと、デザイナーはタスクを2つに分割した。請求金額を聞く部分と支払う部分だ。そして、「支払い」タスクは、ユーザーが請求金額を聞き終わり、支払いタスクのワークフローが始まるまでスタートしないようにした。

　前の例と同じく、タスクは対話が終わるより前に完了したと見なせる場合がある。その一例は、ヘルスケアアプリで、ユーザーが症状について質問に答えて、医者にかかるべきかどうか決めるものだった。結果がわかると、ユーザーには情報をメールで受け取るかどうかのオプションが与えられる。タスクが完了するのはメールに関する質問に答えたときだけだろうか？ むしろ、タスクの名称を「健康調査結果を受け取る」として、ユーザーが結果を聞く状態に到達したら成功と見なし、それとは別に何人がメールを受信することに同意したかを数える方が理にかなっている。

　タスク成功の例を以下に示す。

- ユーザーがホテルを予約した。
- ユーザーがアラームを設定した。
- ユーザーが音楽を再生した。
- ユーザーが照明をつけた。
- ユーザーがトリビアゲームで3問回答した。
- ユーザーが血糖値検査を受けた。
- ユーザーが誰かに料金を支払った。
- ユーザーが通勤時間の推定値を受け取った。
- ユーザーが検索して映画を見つけた。

離脱率

　ユーザーがタスクを完了したかどうかを判定することに加えて、ユーザーが「どこで」離脱したかを分析することが重要だ。もしあるタスクのあらゆる箇所で離脱が起きているとしたら理由を解明することは難しいが、多くの場合、アプリの特定の状態周辺に離脱が多く発生している箇所が存在する。以下に予定より早い離脱に関するよくある理由を挙げた。

- ユーザーが予定より早くタスクを終えたと見なした（たとえば先ほどの銀行残高を聞く例）。
- プロンプトがわかりにくかった。
- 不一致あるいは文法違反の比率が高かった（たとえば、ユーザーがその状態で予測されていなかったことを話した）。
- ユーザーが、自分はゴールにたどり着けそうにないと感じた。

プロセスの中で離脱率の高い場所を突き止めたら、その状態に至るまでのプロンプト（ひとつだけではなく、複数のプロンプトかもしれない）を分析することが大切だ。ユーザーの言っていることを収集し、書き起こすことは必要不可欠だ。よくある例は、「はい」か「いいえ」で答えることが可能な質問をしながら、そう答えられた場合に処理する能力を持たないプロンプトだ。たとえば、「メールを送りますか、それともキャンセルしますか？」。この種の言い回しに対する答え方のひとつは「はい」だが、デザイナーは必ずしもその一致をチェックせず、「メール送信」または「キャンセル」の変化型だけを待っていることがある。

さらに、ユーザーがそのあと何をしたかを見ることも有効だ。アプリを使うこと自体をやめてしまったのか？ トップに戻ったのか？ 聞き方を変えたり、別のカテゴリーを選んだか？ もしそのアプリにメニューかカテゴリーがあるなら、そのグループ分けがユーザーにわかりにくかったのかもしれない。

その他の記録・分析項目

タスク完了率や離脱率以外にも、記録や分析に有用なデータがある。たとえば、ユーザーが話すべきときに沈黙していた箇所や、ユーザーがシステムを中断することがもっとも多かった箇所などだ。

VUI に滞在している時間

IVR の時代によく使われた指標は通話時間だった。一般に、IVR システムにいる時間は短い方がよいと考えられてきた。その方がユーザーはタスクをすばやく、効率よく完了したことを示しているからだ。

ユーザーに混乱と苛立ちを抱えさせたままアプリの中を右往左往させたくはないが、滞在時間が長いことは必ずしも VUI がうまくいっていないことを示すわけではない。ユーザーは目的に沿っていると感じられれば、長時間のやりとりにも十分耐えること

ができる。滞在時間はユーザーの満足度や成功率と必ずしも結びつかない。Thyme-Gobbelはこれを「絶対的経過時間ではなく知覚的経過時間が重要」だと指摘している。そして、「そこには数多くの要因があり、レスポンスの速さ、プロンプトの平坦さ（一本調子は長く感じる）、余計な言葉、応答のバリエーションのなさ、選択肢が多すぎる（ユーザーの考えることが増える）、システムによる認識ミス——などあらゆる不快な出来事——などが影響を与える」。さらには、ユーザーが意図的にアプリ内で時間を消費することもある。株価を繰り返し何度も聞く場合などだ。もしユーザーが、自分でアプリをコントロールできていると感じているのであれば、長い滞在は必ずしも悪いことではない。

滞在時間は別の理由でも役に立つ。たとえば、あなたの提供しているものが、アクティビティー・トラッキングVUIのような日々使用するアプリならば、事業開発のステークホルダーは平均対話時間に関心を持つかもしれない。アプリをダウンロードしようと考えているユーザーにとっても興味深いものかもしれない。こうした意味でも滞在時間を計測しておく価値があるだろう。

バージイン

VUIでバージインを許可している場合、ユーザーがどこでバージインしたか、判定が敏感すぎるか鈍感すぎるかを分析することは有効である。どの認識エンジンでもバージインのパラメータが設定できるわけではないが、できない場合であっても、ユーザーのバージインが多い箇所を知ることはアプリの性能を見極めるヒントになる。

もしユーザーが特定の箇所や予想外の箇所で頻繁にバージインしていたなら、バージインが起きたときのプロンプトと、そこに至るまでの一連のプロンプトを精査する。おそらくプロンプトが長すぎるのだろう。しかし、ここでもっとも重要なのは、バージインの比率をユーザーの習熟度で比較することだ。特定の箇所のバージイン率が高いが、バージインしているのは習熟しているユーザーだけ、ということがある。習熟度に関係なく同じプロンプト群を使用するかわりに、あなたのVUIでは一定回数以上やりとりしたことのあるユーザーには短いプロンプトを使う、ということもできる。

音声かGUIか

もうひとつの興味深い指標にモダリティーがある。モバイルアプリによっては、ユーザーが画面にタッチすることも話しかけることもできる場面がたくさんある。ユーザーはあるケースではタッチを使うことが多く、別のケースでは音声を好んで使う。

ここに、リソースをつぎ込むべき場所を突き止めるヒントがある。もし、ユーザーが圧倒的に多くタッチを利用する箇所があるなら、そのGUIのオプションが明快でアクセスしやすいことを確認する。もし、ユーザーがほとんどの場合に音声を使う箇所があれば、GUIオプションは最小限にするか削除することを考えるべきだ（あるいは、音声でうまくいかなかったときに代替手段として表示する）。

高頻度の無音タイムアウト、または不一致

　先に述べたように、無音（NSP：no speech detected）タイムアウトや不一致（ユーザーの発話が正しく認識されたが、それに対する応答がVUIにプログラムされていない）の頻度が高い状態には注意する必要がある。

　高頻度の無音タイムアウトは、わかりにくいプロンプトの兆候であったり、ユーザーがすぐに答えられないこと、たとえば銀行の口座番号などを聞かれたことを示している可能性がある。プロンプトを調べて、もし何か情報を尋ねているなら、ユーザーが中断するか必要な情報を見つけるための助けを呼ぶ方法を与える。

　不一致には2種類ある。

- 正しい棄却
- 誤った棄却

　「**正しい棄却**」とは、ユーザーが何かを言い、それがその状態で期待されていた応答ではなかったために、不一致とされた場合をいう。たとえば、プロンプトが「好きな色は何ですか？」と聞き、ユーザーが「スパゲティーを食べたい」と答えた場合、おそらくあなたのVUIシステムはこれに対する応答を持っていないだろう――少なくとも、映画『her/ 世界でひとつの彼女』で見られるようなAIと自然言語理解の水準に達するまでは、持つべきでもない。この種の応答を**想定外発話**と呼ぶ。

　もうひとつのタイプの不一致である「**誤った棄却**」とは、ユーザーが、本来VUIが処理すべきことを言ったのに、処理されなかった場合を意味する。これは多くのユーザーテストを行う前である開発の初期段階でしばしば起きる。それはユーザーが自らの要求を表現するさまざまな言い回しを、デザイナーがまだ予測できていないからだ。たとえば、AIアシスタントにはカレンダーの予定をキャンセルする機能はあるが、ユーザーが「木曜日のミーティングには行けないのでカレンダーから消しておいて」と言ったとき、それが完全に正当な要求であるにもかかわらず、システムが予測して

いなかったために処理できなかったケースだ。この種の応答を**想定内発話**と呼ぶ。

　想定内（in-domain）と想定外（out-of-domain）の区別は純粋に学問的なものであることに注意されたい。認識エンジンはどちらのケースでも発話を棄却する。その後発話がテキスト化され、チューニングの過程で分析されたとき、初めて2種類のエラーを区別できる。

　別のレベルの複雑さの例として、応答が質問に答えてはいるが、VUIの側により高度な知識が必要になる場合がある。たとえば、「好きな色は何ですか？」という質問に対して、ユーザーは「私の家の色」と答えるかもしれない。そう遠くない将来に、こうした応答も処理できることが想像できる。

　最後に、5章で述べたように、認識エンジンが正しく理解しなかったために失敗するケースがある。たとえば、ユーザーが「What is the pool depth?（プールの深さはどのくらい？）」と聞いたのを「What is the pool death?（プールの死って何？）」と誤解した場合だ。もしこれが頻繁に起きるのであれば、受け入れ可能なキーフレーズのリストに「pool death」を加えるのが単純な方法だが、デザインの初期段階には必ずしも予測できない。あるいは、N-bestリストを利用する方法もこの問題の解決に役立つ。リストにはあとから「pool depth」が出てくる可能性が高いので、単に最初の一致（pool death）を選ぶのではなく、関連性の高い一致が見つかるまでリストをたどることによって、VUIの精度が自動的に改善される。

　この例もまた、VUIには障害を起こしうる箇所が複数存在する、ということを改めて認識させてくれる。自動音声認識（ASR）、自然言語理解（NLU）、適切なコンテンツの取得。このいずれかで失敗したとしても、ユーザーには関係ない。単なる失敗だ。VUIをデザインするときには、こうしたさまざまな部分のすべてに考えを巡らせることが重要だ。

　ユーザーが正しく発話したのに何か間違ったことが起きてしまった箇所を分析することはVUIの成功にとって必要不可欠だ。音声で失敗を繰り返すと、ユーザーのシステムに対する信頼はたちまち失墜する。障害箇所を分析し、継続的な改善計画を実施していれば（プロンプトの言い回しを変えて、ユーザーが何を言うべきかをわかりやすくする、フローの問題を修正する、NLUモデルを再学習させるなど）、システムをすぐに改善してユーザーを呼び戻すことができるだろう。

ナビゲーション

　あなたのアプリに「戻る」や「次へ」ボタンがある場合、その利用状態を分析する

ことで重要な知見を得られることがある。「戻る」ボタンが頻繁に使われている箇所は、そこが正しい目的地であるとユーザーが誤って考えたことを示唆している。この問題に対する戦略のひとつは、ユーザーが複数の出発点からその同じ場所に行けるようにすることだ。

　技術サポートアプリがユーザーに、ヘルプ項目として「インターネット」と「メール」のどちらかを選ぶように依頼することを考えてほしい。ウェブサイトの FAQ はこれらの項目をまったく別のカテゴリーに分類しているかもしれないが、ユーザーのメンタルモデルの中では両者には多くの共通部分がありうる。たとえば、もしユーザーが「メールが使えません」と言ったら、ユーザーの Wi-Fi の問題である可能性が高く、それも「インターネット」の項目に含まれている。

　システムにリピート機能（訳注：プロンプトを繰り返し発話させる機能）がある場合、これが多用されている箇所をよく調べるべきだ。もしかしたらプロンプトが長すぎたり冗長だったために、ユーザーが一度では理解できなかったのかもしれない。多くのユーザーにとって、耳で聞いた情報は、目で見た情報よりも記憶しにくいことを心に留めておくこと。複数ステップに分けるかビジュアルなヒントを加えることを考えよう。要求された繰り返しとは別に、繰り返し発話されたクエリを記録しておくのもよい考えだ。たとえば、ユーザーが「今週の天気は？」のような同じ質問を繰り返していたら、その理由を探る価値がある。

遅延

　多くの認識エンジンが遅延に関する情報を提供している。遅延とは認識エンジンが発話の終端を検出してから認識結果を返すまでにかかった時間のことだ。もし遅延が非常に大きいと、ユーザーは自分が話したことがシステムに聞こえなかったと思い、発話を繰り返すだろう。これは問題だ。Google Cloud Speech API は、この情報を見ることができるダッシュボードを提供している（図 7-3）。

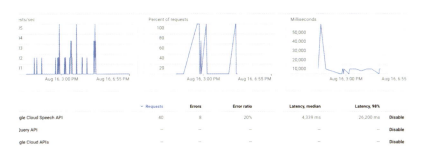

図 7-3.
Google Speech のダッシュボード

通話の全録音

　ほとんどの分析は、発話単位で行われるが（ユーザーによる 1 回の応答あるいはターン。たとえば「赤」「ゴールデンゲートパークに行きたい」あるいは「車で 10 分以内の今夜営業しているレストランを教えて」など）、ときには対話を全体の中の一部として見ることが役に立つ。

　IVR の世界で**通話の全録音（whole call recording）** と呼ばれている方法がある。ユーザーが応答した発話だけを記録するのではなく、システムが言ったことを含め、すべてを長いひとつのデータとして記録する。これには保存領域が大量に必要なため、通話の一部だけで行うのが一般的だ。

　データ量が小さいのは、ユーザーの発話と、出力されたであろうシステムプロンプトをつなぎ合わせて対話を再現する方法だ。バージインが有効になっている場合は、それが起きた場所とタイミングを再現するためにバージイン情報も必要になる。

　対話全体を聞くことによって、個々に見ていたときには見えなかった問題が発見されることがある。もし、対話が始まってから 10 ターンで問題が起きたなら、それまでに何が起きたかを聞くことで、解決の糸口が見つかるかもしれない。

　しかし、再現された対話からも多くの問題を見つけることができる。Nuance の創成期に、デザイナーたちは往復の通勤時間のすべてを使って、展開したシステムの対話記録を聞いていた。「シリコンバレーの交通事情が悪化すればするほど、われわれの作業効率は改善されていった」。[4]

　実態を正しく把握するために、対話記録はランダムに選ぶこと。スムーズな対話だ

---

[4] Cohen, M., Giangola, J., and Balogh, J. *Voice User Interface Design*. (Boston, MA: Addison-Wesley, 2004), 6, 8, 75, 218, 247-248, 250-251, 259.

けや、エラーが起きた対話だけを聞きたいわけではない。ユーザーのタイプは、時間帯や曜日によっても変わるので、サンプルは短期間ではなく、最低でも 1 週間以上の範囲から選ぶべきだ。

マルチモーダルアプリで対話を再現する場合、画面でのやりとりも表示する必要がある。

この種の分析を行うためのツールはあまり出回っていないので、自家製ツールが必要になるかもしれない。Volio では、Conversation Dashboard（最初のバージョンは Volio の CTO、Bernt Habermeier が作った）を使っていた。対話の各ターンで、ダッシュボードにはシステムの発話、ユーザーの発話、および次に起きたことが表示される（図 7-4）。ビデオ再生機能もあるので、ユーザーの応答を見たり聞いたりすることもできる。

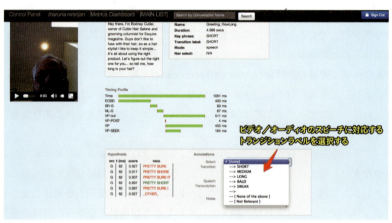

図 7-4.
Volio の Conversation Dashboard

7.3　ログを残す

これまで評価の重要性について数多く述べてきたが、評価するためにはまずそのための記録（ログ）を残す必要がある。ログを取らずにアプリを世に出すのは、目隠しされて歩くようなものだ。自分のシステムがうまく動いているのかいないのかを知るすべがない。ユーザーは離脱しているかもしれないが、適切なログを残していなければ、それを知ることはできない。

VUIプロジェクトでは、スタート時点に開発チームと話をして、早い段階からログの必要性を理解してもらうとよい。ログを残す機能を公開後に追加することは非常に難しい。ログの対象になる情報を以下に挙げる。

- 認識結果（ユーザーが話したときに認識エンジンが聞いたこと。信頼度を含む）
- 入手可能であれば、N-bestリスト（取りうる仮説のリスト）
- 各状態でのユーザーの発話の音声。終端検出前後の発話（文字起こし用。認識結果が100%正確ではないため）
- 認識結果が何かと一致しなかった場合、何と一致したか
- エラー：無音タイムアウト（タイミング情報を含む）、不一致、認識エラー
- 状態名（あるいは、ユーザーがアプリのどこを通ったかを追跡する別の手段）
- 遅延
- バージイン情報（有効な場合）

発話と音声は、会話が失敗した場合でも記録しておくことが重要だ。ユーザーがある状態で2つ以上のことを言った場合も含む。AIトラベルアシスタントがユーザーに出発地の空港名を尋ねているところを想像してほしい。画面にはワシントンの空港リストが表示され、ユーザーはタップしても話してもよい。やりとりは以下のようになる。

1. ユーザーが、「Pasco, Washington」と言う。
2. Pascoは正しい空港名だが、ユーザーの発話は「Pass co airport」と誤認識された。
3. 何も起こらない（これはマルチモーダル状態なので、「I'm sorry」エラーのプロンプトはない）。
4. ユーザーは、「I said Pasco, Washington!（私はPasco, Washingtonと言った！）」と繰り返すが、今度は「Pats go airport」と誤認識された。
5. 何も起こらない。
6. ユーザーは苛立ち、話すのをやめてPascoをタップする。

開発者によっては、次のアクションの元になった最終結果だけを記録するかもしれないが、そうすると重要な情報が失われる。ユーザーがどこでどうやって離脱したかを知ることは、システムを改善するための鍵となる。

情報は会話の各ターンのあとに記録するのがよい。ユーザーが突然やめてしまったり、アプリがクラッシュしたりするかもしれないからだ。ユーザーが優雅な結論に至るようなベストケースのシナリオだけを記録していると、データの重要な部分を失うことになる。

言うまでもないことだが、音声データは匿名化したうえで、分析以外の目的に使用してはならない。

7.4 文字起こし

システムの性能を正確に分析するためには、もうひとつ重要な作業が必要だ。それはユーザーが VUI に話した音声を人間が聞き、(手で) 文字起こしすることである。「でも待ってくれ」とあなたは言うかもしれない。「今の音声認識の精度は 92% だというじゃないか！ 私は文字起こしを自動で行いたい。その方がずっと安い」。

確かに、多くのケースで音声認識結果は非常に正確だ。しかし、そうでない場合も多い。ユーザーが実際に話した会話を使ってデータセットを作ったり改善したりする場合、誤ったデータを使ってしまうと成功することは困難になる。Balentine と Morgan が言うように、「音声認識の性能を判定する唯一正確な方法は、個々の発話のログを残して、オフラインで文字起こしすることだ」。[5]

文字起こしの費用は高いが、少なくとも一部でもデータを文字起こししなければ、良い VUI を作ることはできない。文字起こしを専門にしている会社には、この分野で経験豊富な Appen などがあり、他にもこのサービスを提供している小さな会社がたくさんある。品質保証 (QA) 会社も、適切なツールがあれば文字起こしを行うことができる。ここでも、前もって計画を立てておくことが役に立つ。なぜなら、音声データを依頼先の会社に渡すためには、依頼先の会社が定めた特定の形式でなければならないからだ。

Volio では、Conversation Dashboard ツールの中に、文字起こし結果を書き込む場所がある。われわれの QA チームはユーザーの応答をビデオウィンドウで再生し、ユーザーが話したことを正確に書き留めている (図 7-5 参照)。

音声認識結果と一致情報と文字起こしテキストが揃ったので、これで性能を分析して、あなたの VUI が実際にどんな仕事をしているのかを知るための準備は整った。

---

[5] Balentine, B. and Morgan, D. *How to Build a Speech Recognition Application*, 213, 309-311.

図 7-5.
Volio の文字起こしツール

7.5　段階的リリース

どんなテクノロジーを公開するときでもそうだが、全部を一度に公開するのではなく、段階的に送り出していくのがよい。

パイロットテスト

可能であれば初めにパイロットテストを行う。パイロットテストの規模はユーザー数人から数百人までさまざまだ。この種の展開方法が重要なのは、致命的なバグを早期に見つけられることだ。パイロットテストはVUIにとって特に有効だ。なぜなら、事前にいくらQAテストやユーザーテストを重ねても、ユーザーがシステムに話しかける方法すべてに対する準備ができるわけではないからだ。

> ユーザーがシステムに話しかける多種多様な方法を評価するためには、ユーザーが実際にタスクに関係する行動をとり、**本人にとって意味のあるタスクを実行する**ときのデータを集めなくてはならない（強調は筆者による）。[6]

複数の（短期間の）パイロットテストを行うことが可能であれば、すばやくシステムの認識を改善し、テストを繰り返すことができる。本番前に、たとえばユーザーの発話を75％正しく処理できる、などの達成目標を立てておくとよい。この初期目標は、事前にどれだけデータを集めるかによって大きく変わる。場合によってはパイロットテスト開始時点の目標値はずっと低い。

---

[6] Cohen, M., Giangola, J., and Balogh, J. *Voice User Interface Design*. (Boston, MA: Addison-Wesley, 2004), 6, 8, 75, 218, 247-248, 250-251, 259.

パイロットユーザーがシステムを使用し始めたら、文字起こしはほぼ毎日行い、それぞれの発話を分析する。もし誤った棄却や誤った受理が見つかったら、キーフレーズやモデルを改訂して適用する。

7.6　アンケート

　フィードバックを得るもうひとつの効果的な方法はアンケート調査だ。これはSurveyMonkey のようなサードパーティー製ウェブサイトを利用するのが一般的だが、VUI 自身にやらせることもできる。アプリの中で行う方が、あとでリンクをクリックさせるよりユーザーが協力してくれる可能性は高い。図 7-6 に Sensely のアバターが質問しているアンケートのサンプルを載せてある。ユーザーは話してもタッチしてもよい。

　アンケートは適切な長さ（最大 5 問程度）にして、「その他」として自由回答できるようにしておくこと。

図 7-6.
アバターを使ったアンケートのサンプル

　Thyme-Gobbel は、アンケートにはタスクを実行するアバターとは別のアバターを使うことを推奨している。たとえば、ユーザーがカレンダーに予定を入れるのを手

伝ったのが男性アバターだったなら、ユーザーにアプリの使い心地を聞くのは女性アバターという具合だ。

また、タスクが完了したあとに「私はあなたの質問に答えられましたか？」のような「はい／いいえ」の質問することで、ログを漁ることなく潜在的問題を発見する良いスタートを切れるかもしれない。

最後に、アンケートは本質的に偏るものであることを忘れないことが重要だ。一般に、アンケートに答えようとする人は、非常に満足か不満足かのどちらかだ。調査は短くすることで良い関係を保てる。「はい／いいえ」の簡単な評価で十分だ。

7.7 分析

必要なログはすべて保存し、パイロットテストを実施し、発話の文字起こしもした。さて、これらのデータをどのように活用すればよいのだろう？

まず、文法内データと文法外データの出現率を調べる。これらの用語は IVR の世界で使われるものだが、考え方は VUI にも適用できる。『Voice User Interface Design』の定義を引用する（例文は著者による。「好きな色は何ですか」という質問に対するユーザーの応答と、矢印以後はシステムの認識結果）。

文法内データ
- **正しい受理**：認識エンジンは正しい答えを返した。[「好きな色は赤です」→「赤」]
- **誤った受理**：認識エンジンが誤った答えを返した。[「I blew past that question but my favorite's teal.（質問を聞き損ないましたが、私が好きなのはコガモです）」→「blue（青）」]
- **誤った棄却**：認識エンジンは文法的に適切な一致を見つけることができなかったので、答えを返さずに棄却した。[「マゼンタがすてきだと思います」→不一致]

文法外データ
- **正しい棄却**：認識エンジンは入力を正しく棄却した。[「ホテルを予約したいと思っています」→不一致]
- **誤った受理**：認識エンジンは答えを返したが、入力は文法から外れていたので定義上は誤っている。[「I read the paper.（新聞を読みました。）」→「red（赤）」]

こうしたカテゴリー分けは分析には重要だが、ユーザーが知っているべきものでは

ない。

　ユーザーの視点では、文法内と文法外の区別などどうでもよい。彼らにわかっているのは自分が何かを話し、システムとの対話が期待通りに進まなかったことだけだ。[*7]

　最近のモバイルアプリの多くは文法自身を扱うことがないが、こうした一般概念はシステム性能について考えるうえで、今も有効な方法だ。文法内とは、ユーザーの話したことが認識される「べき」だった場合をいう。つまりワークフローのその特定の場所において想定内である。文法外とは、ユーザーの話したことを、システムが（意図的に）排除していた場合をいう。

　受理と棄却のバランスを適切に維持することが重要だ。寛容になりすぎてできるだけ多くのものを受理しようとすれば、ユーザーが明らかに誤ったことを言ったケースでも、「何か」を認識してしまう。しかし、もし厳格にしすぎると、認識すべきでないものを認識する心配がいらなくなるかわりに、本来認識すべきものを逃すことになる。

　他のパラメータやデザイン要素にも、調整が可能なものがある。いくつか見てみよう。

信頼度閾値

　ほとんどの音声認識システムは、結果とともに信頼度を返す。2章で述べたように、信頼度は確認方法の選定に利用することができる。たとえば、一定の閾値を超える結果は、暗黙的に確認し（「はい、サンフランシスコですね」）、中程度の信頼度であれば、明示的に確認する（「サンフランシスコでよろしいですか？」）。

　確認方法の選定に信頼度を使っている場合、状態ごとにスコアが正しく設定されているかどうかを確認することが重要だ。状態に応じて異なる信頼度閾値が必要になる場合がある。閾値をいじってみて、得られたデータで値を最適化することが理想だ。

終端検出タイムアウト

　アプリの状態によって、終端検出タイムアウトの値を変えなくてはならない場合がある。値のカスタマイズが可能であれば、データを調べて頻繁に発話が切り捨てられていないかどうかを確認する。よく見られる例が、以前にも述べたグループ分けされた数字の並びで、電話番号やクレジットカード番号がこれにあたる。認識エンジンによっては、文法的に最終（final）位置と非最終（non-final）位置とで終端検出タイム

[*7] Cohen, M., Giangola, J., and Balogh, J. *Voice User Interface Design*. (Boston, MA: Addison-Wesley, 2004), 6, 8, 75, 218, 247-248, 250-251, 259.

アウトを別の値に設定できるものがある。そうすることで、ユーザーはクレジットカード番号の数字グループの間では息をつくことができて、番号を言い終えたときには、迅速な終端検出が可能になる。もうひとつのケースが、「元気ですか？」や「詳しく話してください」などの自由回答質問がユーザーに提示されたときだ。多くの場合、ユーザーは VUI に情報を伝えるとき、途中で息をつく。システムは発話を切り捨てることがなく、かつ終端検出を待ちすぎないように、適切なバランスをとる必要がある。待ち時間が長すぎると、ユーザーは自分の言ったことを聞いてもらえなかったかと思ってしまう。

中間結果と最終結果

Google 製を含む一部の音声認識ツールを使うと、システムが**中間結果**をリアルタイムで受け取ることができる。これは単語がいくつか認識された段階でアプリが結果を見られるという意味だ。VUI はユーザーが話し終わらないうちに、入力との一致を調べることができる。この結果アプリは非常に機敏に動くことができるようになったが弱点もある。たとえば、ピザ注文アプリが「トッピングは何にいたしますか？」と聞いたとき、ユーザーはこう応答するかもしれない、「ペパロニ、オリーブ、マッシュルーム」。

もし、アプリが中間結果を見て一致を調べていたら、「ペパロニ」が材料のひとつと一致したのを見て、ターンを終わりにしてしまうかもしれない。これではユーザーが話し終わる前に対話を打ち切ることになり、他のトッピングを聞き漏らす可能性がある。

ログデータを調べて、中間結果の一致が適切かどうかを調べてみよう。単純な「はい／いいえ」の状態であれば、中間結果を用いることは優れた方法だといえる。

カスタム辞書

あなたの VUI には、特定のブランド名や珍しい用語など、めったに（あるいはまったく）認識されない単語があるかもしれない。多くの音声認識ツールが語彙をカスタマイズして、指定された項目に高い確率を与えることができる。

ちなみに Nuance には、「My Vocabulary（私の語彙）」というセクションがあり、ユーザーが好きな単語を追加できる（図 7-7）。ここに出てきたサンプル語彙のひとつが「エミネム」だ。もし音楽アプリを作ることがあれば、「エミネム（Eminem）」が「M&M」よりも高い確率で認識されるようにしておきたい。

もうひとつ、本章で先に述べた医療アプリの例では、患者が薬品の「vials（小びん）」を要求する。あなたの語彙に「vial」を追加することで、認識エンジンが返す可能性の高い「vile（不快な）」よりも高い確率を与えることができる。

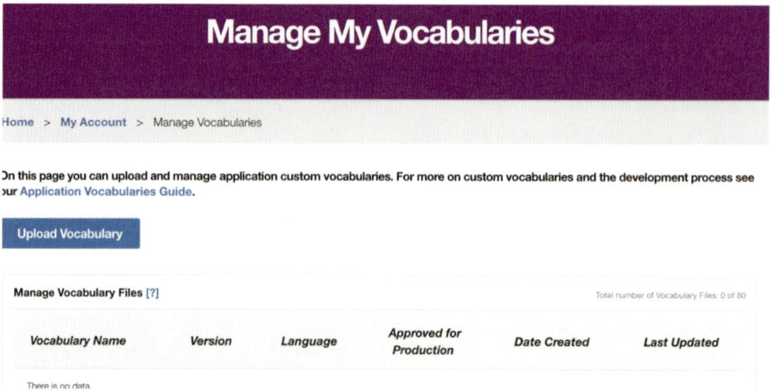

図 7-7.
Nuance の語彙カスタマイズツール

Google の Speech API は、この作業のための「語句のヒント」（https://cloud.google.com/speech-to-text/docs/basics#phrase-hints）を提供している。これを使うことによって、特定の単語の確率を高めたり、固有名詞や分野に特化した語彙などの新しい単語を追加することができる。

プロンプト

パラメータの検証に加えて、プロンプトを調べることも重要だ。微妙な言い回しの違いがユーザーの話し方に影響を与えることがよくある。

> たとえば、プロンプトが「どちらに行きますか？」と聞けば、ユーザーは「サンフランシスコに行きます」と答える可能性が高いが、もしプロンプトが「目的地の都市はどこですか？」と聞けば、答えは「目的地の都市はサンフランシスコです」になる可能性が高くなる。[*8]

[*8] Cohen, M., Giangola, J., and Balogh, J. *Voice User Interface Design*. (Boston, MA: Addison-Wesley, 2004), 6, 8, 75, 218, 247-248, 250-251, 259.

もし、不一致がたくさん見つかったら、プロンプトの言い回しを調べるべきだ。あなたは自分が想定している答えが得られるようなやり方で質問しているだろうか？また、似たようなタイプの応答をひと括りにしないこと。たとえば、単純な「yes/no」のキーフレーズでさえ、いつも同じとは限らない。次の2つのyes/no質問の違いを見てほしい。

- 「Are you finished?（終わりましたか？）」という質問には、「Yes, I am.」が返ってくるかもしれない。
- 「Is that correct?（これでよろしいですか？）」に対しては、「Yes, it is.」かもしれない。

単語の順番が違うだけでもユーザーの応答を変えることがある。Thyme-Gobbleは、プロンプトを「Do you want A or B?」型から「Which do you want – A or B?」に変えた結果、正しい応答が大きく増えた事例を紹介している。

7.8　ツール

現時点は、デザイナーがユーザーデータに基づいて簡単にVUIを改善するためのツールは多くない。自分で作らなくてはならない場合もあるかもしれない。

重要なのは、キーフレーズを強化するための簡単で堅牢な手段を得ることだ。文字起こしを分析して一致がなかったとき、予測される認識フレーズを追加したりリストを強化する必要があることは明らかだ。たとえば、アメリカのデザイナーが英国の電話アプリを作っていて、英国ユーザーの多くが電話をかけるために「ring」と言うことを発見したとする。あなたは、データベースにアクセスしたりアプリの新バージョンを展開することなく、簡単にこのフレーズを追加して配信できるツールが欲しいだろう。

Volioでは、ある状態で、いつ「不一致」が起きたかを簡単に知ることのできるツールを使っていた。ドラッグ＆ドロップ方式でキーフレーズを追加することが可能で、変更結果をテスト環境に送り込む簡単な仕組みも用意されている（図7-8）。

ダッシュボードの利用者が複数の場合がある。外部の利用者は高いレベルの詳細データを知りたいことがある。SenselyのConversation Dashboardでは、アバターが何を言ったか、ユーザーが何を言ったか（認識結果）、その他デバイスで集めたさまざまな情報を見ることができる（図7-9）。

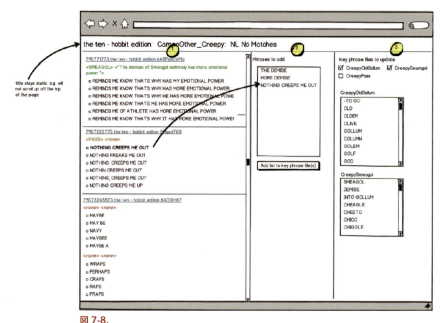

図 7-8.
Volio の新しいキーフレーズを追加するツールのモックアップ

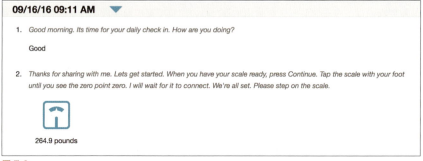

図 7-9.
Sensely の Conversation Dashboard

　コールセンター向けの音声認識アプリを開発している **Voxcom** には、通話ログから自動的にシステムレポートを作る自動化スクリプトがある（図 7-10）。これは、離脱率（ユーザーがどこまで到達したか）などの重要ファクターや、ユーザーがとのくらいの頻度で応答を修正しなければならなかったかを、すぐに判定することができる

便利なツールだ。

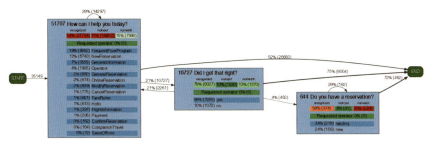

図 7-10.
Voxom の航空会社の通話誘導アプリが自動作成したグラフ（Vitaly Yurchenko 提供）

回帰テスト

　データを分析し、問題のあるプロンプトを改訂し、パラメータを微調整したら、実際に成績が向上したかどうかを確認することが重要だ。

　テストすることなく、改善されたと決めつけないこと。録音した音声データを取り出して、調整済みの新システムに流してみる。不一致率は減少したか？ 誤った受理の割合は改善されただろうか？

　回帰テストは、改善処理が成功し、なおかつ別の何かに不具合が起きていないことを確認する安定した方法だ。ある問題を解決している間に、意図せず別の問題を引き起こしてしまうことがある。回帰テストはそうした問題を、修正版を公開する「前に」見つけ出してくれる。

7.9　結論

　アプリの公開は楽しみな出来事のひとつだ。VUI は「音声」という複雑な入力方式を採用しているため、想定通り動作することを確信するのは特に難しい。

　幸いなことに、アプリがどう動いているかを観察する方法がいろいろあるので、デザイナーはすばやく動作を改善することができる。必要になるかもしれない情報はすべて記録しておくことが非常に重要だ。そうすればデータ収集を始めたあとすぐに分析を進めることができる。一方、ユーザーが実際に話したことを人力でテキスト化する「文字起こし」は、システムが本当はどう振る舞っているかを知るために必要不可欠だ。

　成功の基準とタスク完了の定義はデザインフェーズの最初に決めておく。そうする

ことでステークホルダーの間に合意が形成され、開発者はログ取得作業の基盤を構築する時間を確保できる。

　音声認識の失敗箇所を追跡し、すばやく改善できる方法を準備しておくことは、VUIが成功するためには欠かせない。

8章
音声対応デバイスと自動車

本章では、モバイルアプリ以外でのVUIの使用例について述べる。たとえば、Amazon Echoのようなホームアシスタントやスマートウォッチ、また自動車の中で使われるボイスシステムもある。事例の中には現実世界にある既存の技術もあれば、これからやってくるものもある。

これらのデバイスにとって、今は過渡期であり、状況は急速に変わりつつあるが、ここで紹介するのは、これからやってくるに違いないものだ。本章を書くにあたって、各分野の専門家に多大な協力をいただいたことに深く感謝している。

8.1　デバイス

現在、市場にはさまざまな種類の音声対応デバイスがある。Amazon EchoやGoogle Homeのようなホームアシスタントを使えば、照明を制御したり、タイマーをセットしたり、音楽を聴いたり、他にもさまざまなタスクを実行できる。スマートウォッチなどのウェアラブル端末は、健康状態を把握したり、スマートフォンをバッグやポケットに入れたままにさせてくれる。音声アシスト機能付きのリモコンで操作できるテレビまである。

ホームアシスタント

もっともよく見かける音声対応デバイスがホームアシスタントだ。Amazon Echoが現在市場をリードしている。Google Homeは発売されたばかりだ。他にも、AthomのHomey、Mycroft、Ivee、Jiboなどが発売を間近に控えている（訳注：執筆当時）。

Amazon Echoは高さ約23cmの黒い円筒形で頭にリング状のライトがついている（図8-1）。主なインターフェースはAmazonのAlexa Voice Serviceを使った音声入

出力だが、設定などができるモバイルアプリもあり、アカウントの設定、「スキル」（機能）の追加、認識結果の表示などを行う。頭部にあるボタンを押すことで音量を調節できるが、Alexa に頼むこともできる。頭部にマイクが7つ搭載されており、遠方音声認識を可能にしている。Echo に質問や命令するときは、まず、「Alexa」というウェイクワードで起こしてやる必要がある。

Echo はウェイクワードを聞くために常に耳を傾けている。このプロセスはローカルに行われる。これは、ウェイクワードを言う前に聞こえた音声は保存されないことを意味している。誰かが「Alexa」と言うのが聞こえると、頭部のライトを青く点灯させ、ユーザーのクエリ（問い合わせ）を数秒間聞く。ユーザーがここで言えることの例をいくつか載せておく。

- 「Alexa、タイマー 10 分設定」
- 「Alexa、アメリカ大統領は誰？」
- 「Alexa、ベアネイキッド・レディースの Call and Answer をかけて」
- 「Alexa、私の通勤時間は？」（住所はモバイルアプリ経由で設定することができる）
- 「Alexa、買い物リストに牛乳を追加して」

現在 Echo は 180 ドルで販売中。Amazon は、Tap と Dot という廉価モデルも売っている（訳注：価格とモデルは、原著執筆当時。2018 年 10 月現在、Echo の第 2 世代は 99.99 ドルで販売されている。日本での販売価格は 11,980 円。Tap は日本未発売。機種は Echo のほか、Dot、Plus、Spot が日本国内で発売されている）。Tap（図 8-2）は、ユーザーの声を聞き始める前に物理的にタップしてやる必要がある。Dot は Echo の廉価版で、スピーカーの質も低い。

図 **8-1.**
Amazon Echo
（訳注：写真は第 1 世代）

図 8-2.
Amazon Tap

　Alexaにはユーモアのセンスがある。Alexaに向かって「君はスカイネットかい？」と尋ねると、「スカイネットとは何の関係もありません。安心してください」と答える。

　また、Amazonは開発者のために門戸を開放し、独自の「スキル」を追加できるようにした。クイズ番組の「Jeopardy!」で遊んだり、褒めてもらったり、子供の病気についてアドバイスをもらうなど1,000種類以上（訳注：2018年3月の時点で米国でのスキル数は3万を突破している）のスキルが作られている。

　2016年のI/Oカンファレンスで、Googleは独自のホームアシスタント、Google Home（図8-3）を発表した。ブログにこう書かれている。

> Google Homeは、Googleアシスタントを家のどの部屋にでも置いておける音声対応製品だ。エンターテインメントを楽しんだり、日々の仕事を管理したり、Googleに答えを聞いたりといったことが、すべて会話を通じて行える。簡単な音声コマンドを使って、Google Homeに歌を歌ってもらったり、オーブンのタイマーをセットしたり、フライトを確認したり、照明を消したりできる。どこの家にも似合うように、カスタマイズできるベース部分は色や材質を選ぶことができる。

図 8-3.
Google Home

　Homey（図 8-4）は、オランダの Athom という会社が作った。この装置はスマートオーブンやテレビ、照明のスイッチなど、家の中の他のデバイスに接続される。
　Homey は、「Hey, Homey」というウェイクワードで聞き取り始める。Homey の興味深い機能のひとつに、関係するフォローアップ質問をする、ということがある（デモビデオによる）。たとえば、あるテレビ番組を見たくて「Hey, Homey、スタートレックが見たい」と言うと、Homey は、「字幕をつけますか？」とフォローする。理想的には、日頃ユーザーが字幕をつけているかどうかを Homey が知っていて、毎回尋ねない方がよい。デモビデオには、Homey が照明を暗くしてからテレビをつける様子も映っている。
　Mycroft は男性のペルソナを使っている点が変わっている。Echo と異なり、Mycroft には「顔」がある——アニメーションのスクリーンでさまざまな表情を見せることができる（図 8-5）。

図 8-4.
Athom の Homey

図 8-5.
Mycroft

　図 8-6 に載っている Jibo はさらにアニメ化されている——「顔」（スクリーンも持っている）があるだけでなく、自ら回転することができる。たとえば、Jibo がこちらを向いていないときに、「Hey, Jibo」と言うと、Jibo はこちらを向く。

図 8-6.
Jibo

　Jibo に「好きな映画は何？」と聞くと、スター・ウォーズのオープニングテーマを流し、回転しながら TIE ファイターが飛ぶところを表示する。現時点で Jibo はもっとも多様な個性を表現する能力を持つデバイスといえそうだ。

　個性はデバイスにとって重要課題のひとつだ。もしあなたのデバイスをあたたかみのある可愛らしい個性に染めれば、家族との日々のやりとりには非常に適しているかもしれないが、はたして人はそのデバイスからの医学的なアドバイスを信用するだろうか。個性で大切なのは声を選んで可愛らしい応答を仕込むことだけではない。VUI が使われるコンテキストやユーザーの期待や雰囲気を理解することも重要な要素だ。

　これらのデバイスが成功する理由には、マイクロホンの優れたデザインや、信号捕捉や増幅ソフトウェアの強化などがある。Amazon Echo は部屋の離れたところからのリクエストも正確に理解する。キッチンにいて手が離せないときには非常に便利だ。「Hey, Siri」や「OK Google」を部屋の反対側から言っても、おそらく応答は返ってこない（もっとも、打ち合わせの最中に間違って呼び出されることはある！）。これはデザインによる部分もある。スマートフォンはユーザーの近くで使うのが普通なのに対して、Echo はもっと広い場所で使うようにデザインされている。しかし、これはマイクロホンの技術によるところも大きい。

　ホームアシスタントにできることの多くはモバイル端末でもできることだが、ハンズフリー・ホームアシスタント・デバイスは、そのスムーズさゆえにユーザーが音声を使う率が高い。小さなことと思うかもしれないが——携帯電話を手に持って、ロックを解除して、「OK Google」と言ってからリクエストを言うのはどれほどの手間か——実は、使ううえでは大きな違いだ。しかも、人はスマートフォンに指で文字入力することに慣れていて、必ずしも音声入力に切り替える理由がない。

　もちろん、画面がないこともユーザー体験に影響を与える。デバイスがコマンドを

理解できなかったときは、ユーザーにそのことを確実に知らせる必要がある。2章で述べたように、Amazon Echoにはエラーを扱うさまざまな方法がある。あるときは、ライトを暗くして、ユーザーの言葉を理解できなかったことを表す。またあるときは、質問されたということはわかっているので、Alexaは「すみません。質問の意味がわかりません」と言う。Alexaはコンテキストに応じたヘルプを言うこともある。たとえば、1から10の間にない音量レベルをリクエストすると、Alexaは指定できる範囲を改めてユーザーに伝える。

ホームアシスタント・デバイスでもうひとつ考慮すべきことがある。一家にふたり以上ユーザーがいる場合に人を区別するかどうかだ。誰でもそのデバイスを使えるようにするのか、それとも特定のユーザーだけが使えるように「ロックをかける」のか？音楽を再生するときに誰が要求したかが問題になることはないかもしれないが、銀行の残高を聞いたり、数百ドルの商品を注文したり、ドアの鍵を開けるような要求を誰にでもできるようにするのは賢明ではない。

画面のないデバイスのためのデザイン

以下の議論では、Lab126（Amazon）のシニア・ボイスUXデザイナー、Ian Menziesが、ビジュアルなフィードバックのないVUIをデザインする際のベストプラクティスについて語っている。

画面のないデバイスのVUIデザインで遭遇する課題の多くは、過去にIVRシステムのVUIデザインで起きたものと似ている。そこでのベストプラクティスをいくつか紹介する。

短く

音声は一時的であり、はかなく、直線的なので、メッセージは明快、明確にして認識の負荷を最小限にして摩擦を避ける必要がある。長い文や複雑な文、企業内や技術者の間だけで使う隠語、多すぎる選択肢などは、迅速簡単な理解の妨げになる。間違いなく、過ぎたるは猶及ばざるが如しである。

自然に

VUIとどうやって話すかを消費者に学習させるべきではない。インターフェース

をできる限り自然で人間らしくすることはデザイナーとテクノロジーのなすべき仕事だ。

フィードバックを与える

画面が利用できる場合、認識結果をテキストで見せることができるが、音声のみのシステムでは、フィードバックを与える手段は、他の入出力にも使われているのと同じオーディオチャンネルに限られる。システムが理解したことを利用者に伝えることは重要だが、それは明快かつ自然な会話的方法で行わなければならない。

曖昧さのためのデザイン

音声によるやりとりには曖昧さが入り込むことが多く、VUI はそれに備えておく必要がある。Siri なら、「どれですか？」と聞いて、オプションのリストを画面に表示すればよいが、音声のみのシステムでそれは不可能だ。選択肢がわずかしかない場合は、自然な曖昧さ回避をデザインできることが多いが、選択肢が多くなるにつれて難易度は上がる。

訂正を支援する

間違いは起きるものである。そしてユーザーにとって単にやり直すことはさほど難しくないことも多いが、やり直さなければならない状況は好ましいユーザー体験とはいえない。画面があれば、訂正を手動で行うことが可能だが、VUI なら人間がいつも使っているような訂正方法を提供すべきだ。ワンステップ訂正はよく使われる手法で、ユーザーは誤った認識結果の却下と訂正を 1 回のターンの中で行うことができる。たとえば、システムが「ボストンですね、よろしいですか？」と尋ねたら、ユーザーは「いいえ、オースチンです」と答えることができる。ワンステップ訂正の実装は、技術的に困難なことが多いが、実現すればすばらしいユーザー体験になる。

タイミングは重要

GUI では質問が 1 分でも 1 時間でも画面にとどまって消えずにいられるのに対して、VUI は人間の会話に基づく一般的ルールを守る必要がある。人間同士の会話では話者が交代する間隔は 400 ミリ秒以下が普通で、中断が長いと会話の妨

げになる。このため VUI は人間にふさわしいタイミング戦略に合わせる必要がある。テクノロジーに都合のよいタイミングではない。

リストは難しい

画面とテキストはリストを見せたり大量の構造化データを示すのに最適だ。メニューや住所録やクレジットカードの明細書を思い浮かべてほしい。いずれも目で見るのは簡単だが、VUI で確認するのは苦痛だ。VUI で構造化データを示すことが必要になった場合は、1 回のターンで伝えるデータ量、伝える速度、項目間の中断時間などをよく考えることが重要だ。リストは確認のためだけなのか、顧客が内容を編集できるのか？ 顧客は内容について何らかの知識があるのか、まったく知らないのか？ 1〜2 回の質問で数多いリスト項目を数個に絞り込めるのか？ ユーザーテストは VUI でリストを実装する際には常に有意義な投資だ。

テキスト音声変換の限界

音声合成（TTS）はこの数年でめざましい進歩を遂げたが、人間の声や画面上のテキストと比べると、まだ限界がある。人間の音声では、息継ぎやテンポ、アクセントや抑揚の変化によって、会話の一部を強調したり目立たせたりできる。画面では、テキストをハイライトしたり、下線やイタリック、文字色やフォントの変化などを使って強調を表すことができる。TTS に韻律のバリエーションを加えるのはかなり困難だ。音声合成マークアップ言語（SSML：Speech Synthesis Markup Language）を使うと、TTS のピッチ、スピード、音量、韻律曲線などを調整できる。ただし、高度に動的なテキスト音声変換をいっそう複雑にする。TTS は、さまざまなスキルや機能に適しているが、スタンダップ・コメディアンは当分職を奪われる心配はない。

Amazon の Lab126 の主任プロダクトマネージャーで Echo を初期から担当している、Shamitha Somashekar は、Menzies と同じく、自動音声応答（IVR）システムに由来するデザイン原理の多くは今でも十分有効であると考えている。Amazon Echo は IVR システムではないが、基本的なヒューマン・コンピューター・インターフェースの原理は同様に適用できる。

Somashekar によると、Echo の開発で直面する課題のひとつは、集まるデータが膨大な量になることだ。音声データのテキスト化は VUI システムの性能を分析、改善するための重要な作業だが、そのデータ量は人間が書き起こすにはあまりにも大きいため、データを見る何か別の方法を見つける必要があると彼女は言っている。

もうひとつ、開発者が特に力を入れるのが見つけやすさ、すなわち、Echo で何ができるかをどうやって人に教えるかだ。ほとんどのユーザーは「スマートフォンの画面を見てください」とは言われたくない。すべて Echo 自身によって行いたいのだ。

Somashekar によると、Echo の「Simon Says」というスキルはユーザーの間で大ヒットしている（ユーザーが Alexa Voice Remote for Amazon Echo（訳注：日本未発売）も持っていて、別の部屋から利用できる場合は特に）。「Alexa, Simon Says X」と言うと、Echo は自分が聞いた言葉を復唱する。親たちが子供を寝かしつけるときにこれを使うそうだ——Alexa が「ジャック、歯を磨く時間です」と言うと、子供は言うことを聞く。

Somashekar は、音の減衰機能が Echo で人気であることも指摘する。Echo で音楽がかかっているときに「Alexa」と言うと、音楽は止まらないが音量が下がるので、Alexa の声を聞くことができる。ただし、本を読んでいる場合は一時停止する。ちょっとした違いに思えるかもしれないが、はるかに良いユーザー体験へとつながる。

Somashekar によると、Echo のライトリングは重要なデザイン要素であり、これがユーザーとの信頼関係を生み出すからだという。ユーザーは、Echo が音声をクラウドに送るのはリングが点灯しているときだけだと知っている。「常時オン」の装置にとって、信頼は大きな問題だ。

役に立つヒントや現実世界の事例をもっと見たい人は、Alexa 音声設計ガイドを参照されたい（https://developer.amazon.com/ja/designing-for-voice/）。

スマートウォッチ／ブレスレット／イヤホン

最近徐々に人気が出始めているデバイスにスマートウォッチがある。スマートウォッチの中には、おしゃれでエレガントで普通の腕時計と区別がつかないものもある（図 8-7）が、見るからに「ガジェット」というものもある。スマートウォッチはスマートフォンと連携して動作するので、ユーザーはカレンダーを見たり、電話に出たり、テキストメッセージを読んだりできる。Microsoft はブレスレット型デバイスも作っている（図 8-9）。

図 8-7.
（左から）Apple Watch、Moto 360、Pebble

図 8-8.
Microsoft Band

　スマートウォッチは、より便利で合理的な生活をユーザーに約束する。なぜなら、最新情報を見るために、頻繁にスマートフォンをチェックする必要がなくなるからだ（その代わりに、いつも手首をチラチラ見ているので、どこかへ急いでいるので時計を見ているのかと思われるかもしれない）。多くのスマートウォッチはプログラム可能なので、気になる情報だけを表示できる。

　Moto 360 は、Android スマートフォンと同じようにコマンドに応答する。「OK Google」と言えば、あなたの声を聞き始め、「美容院の予約はいつ？」と尋ねたり、Lyft で車を呼んだり、チャットメッセージに返信することができる。

スマートウォッチが世に出始めてから数年たつが、その価格（およびサイズ）が障壁になっている。女性の細い手首に合わせたデザインを考えるメーカーも増えてきた。

デザイン上の難題もある。腕時計の画面でメッセージをタイプしたい人はいないので、VUI の出来栄えが鍵になる。多少の画面資産はあるが、表示できるのはごくわずかな情報だけだ。

そしてなによりも、人前でディック・トレイシーのように腕時計に向かって話すことを心地よく感じない人もいる。

もうひとつ新しい展開を見せているのが、Apple の AirPods をはじめとするワイヤレスイヤホンだ。イヤホンからコードをなくしたようなもので、Bluetooth で直接スマートフォンとつながる——そして Siri とも。イヤホンをダブルタップすれば Siri と話すことができ、Siri はユーザーの耳の中に応答する。AirPods は指向性の強いマイクロホンを使うことで外部の雑音を取り除き、ユーザーの声に集中する。

腕時計でもブレスレットでもないが、もうひとつ取り上げておくべきウェアラブル機器がある。ThinkGeek の Star Trek ComBadge だ（図 8-9）。

図 8-9.
ThinkGeek の Star Trek「ComBadge」

Bluetooth 経由でスマートフォンとつながると、ユーザーはバッジを使って電話に出たり、コマンドを発行したりできる。多くの人にとって、スタートレックのコムバッジこそ VUI の典型例といえる。タップするかウェイクワードを言うだけで、どこでもボイスコマンドを送ることができる。そして強力なコンピューターが応答する。われわれは想像していた未来に一歩ずつ近づいている。

その他のデバイス

テレビメーカーも VUI に大きく投資している。一例を挙げると、Comcast には音声対応リモコンの X1 Voice Remote があり、ユーザーはこれを使ってテレビを制御

できる。ユーザーはリモコン自身のボタンを押しながらコマンドを発信する必要がある。ボタンが押されるとテレビの画面の下方に青い帯とともに「listening（聞いています）」という文字が現れる。コマンドには、CNN などのチャンネル名も含まれている。リモコンがチャンネル名を認識すると、画面の帯にチャンネル名が表示され、チャンネルが変わるとすぐに消える。

以下のようなコマンドもある。

・「NBC を見たい」
・「子供の映画を探して」
・「スポーツアプリを起動」
・「今夜 7 時の番組を教えて」
・「字幕をオンにして」
・「設定を見せて」
・「ハリソン・フォードの映画を教えて」

ウェイクワードを使わずにリモコンのボタンを押す方法は、このデバイスでは具合がよい。ユーザーはテレビを見ているとき、リモコンの近くに座っている確率が高い。また認識性能もボタン方式の方が高い。

リモコンもテレビも、ユーザーに音声では返事をしない。代わりにビジュアルなフィードバックを使ってコマンドを受け付けたことをユーザーに伝える。

8.2 自動車と自動運転車

音声認識が初めて自動車に使われたのは 2000 年代中頃のことだ。2005 年、IBM とホンダが協力して車載ナビゲーション機能を導入し、ザガットのレストランレビューを音声で聞くこともできた。2007 年、Ford は Microsoft/Tellme の音声認識技術を利用して SYNC を作った。SYNC は Bluetooth を使って携帯電話と接続し、ドライバーは音声ダイヤルで電話をかけることができた。SYNC の新しいバージョンでは、音楽の再生や、交通情報を聞くこともできるようになった。

自動車用 VUI をデザインする際の課題

自動車向け VUI のデザインには課題がたくさんある。まず、雑音の問題。時速 110km で走り、車内には音楽が鳴り響き、みんながしゃべっている車内での音声認

識は楽な仕事ではない。たとえ音楽も人の話し声もなかったとしても、路上の雑音だけでも認識は難しい。マイクロホンの最適な位置を見つけるのも設計上難しい仕事だ。

さらに、自動車のアップグレードサイクルは携帯電話など他のインターネットデバイスと比べて長い。自動車用音声ソフトウェアのアップグレードといえば、つい最近まで車をディーラーに持ち込む必要があった。改良することは今よりずっと難しかったのだ。

このうちのいくつかは変わりつつあるが（たとえば Tesla の車はソフトウェアが自動的にアップグレードされる）、自動車用 VUI は概して使いにくく、苛立ちのもとだ。J.D.Power の 2015 年初期品質調査で、自動車に関して報告されている問題トップ 10（第 10 位がカップホルダー、第 2 位が Bluetooth のペアリングと接続）のナンバーワンが音声認識だった。調査レポートにこう書かれている。

> 組み込みの音声認識システムが正しく認識しなかったり、コマンドを誤解したりすることは新車オーナーにとって常に最大の問題だ。苦情の数は本調査中最大であり、内装の傷や汚れの付きやすさ、風切り音の大きさなどの問題と比べて 3 倍近く多かった。

ここでは、スマートフォンを苦情ランキング第 2 位の Bluetooth 経由で車に接続できることが前提となっている。ペアリングは厄介で時間がかかるプロセスであり、一家に複数の車やモバイル機器がある場合は特にそうだ。

車が聞き取りを始めるための「プッシュトゥトーク」というもっとも単純なことでさえ、ボタンの数や位置に関してデザインの一貫性を欠いている。2016 年型 Honda Odyssey の音声コマンドの使い方を教えるビデオでは、こう説明している。「音声コマンドを使いたいときは、必ずトークボタンを押してください。電話の通話ボタンではありません」 私自身この混乱を経験している。トークボタンを押すべきときに通話ボタンを押してしまったのだ。

車載システムのデザイン

スマートフォンの接続が終わり、音声認識システムの起動方法をドライバーに教えたあとも、まだデザインを考えるべきことが残っている。

Ford SYNC の音楽システムの初期バージョンを例にとってみよう（図 8-10）。ユーザーは Bluetooth ではなく、スマートフォンか携帯音楽プレーヤーを USB ポート経

由で接続する必要がある。また、ユーザーが話したいときはいつも、まずハンドル上のVoiceボタンを押さなくてはならない。

> ユーザー：[ハンドルのVoiceボタンを押す]
>
> SYNC：SYNC、コマンドを言ってください。
>
> ユーザー：USB。
>
> SYNC：USB、コマンドを言ってください。
>
> ユーザー：えーと、ブルース・スプリングスティーン？
>
> SYNC：[耳障りなピピッという音を鳴らして、理解できなかったことを表す] アルバム、アーティスト、ジャンル、トラック、またはプレイリストを指定して再生をリクエストできます。メディアを制御するには、「再生」「一時停止」「前の曲」「次の曲」「前のフォルダー」、または「次のフォルダー」と言ってください。

これを読んでもそんなにひどいとは思わないかもしれない。しかし、気の毒なドライバーのことを想像してほしい。音声を聞くときにかかる通常の認識負荷に加えて、運転自体の認識負荷もある。第一に、ユーザーは奇妙な「USB」コマンドを覚えなくてはならない。次に、「コマンドを言ってください」というプロンプトを言われたとき、音楽再生に関係するコマンドが28種類もある。ユーザーに成功の見込みはない。（サンプルを提供してくれたKaren Kaushanskyに感謝する）

図 8-10.
Ford SYNC の音楽再生のサンプル

　ユーザーに全部やらせるのではなく、ユーザーがいちばんやりそうな——かつ、やりたい——ことに集中すべきだ。たしかに、ユーザーが「スムーズ・ジャズを聞かせて」と言えるのはすてきなことだが、果たしてそれは主要なユースケースだろうか？車内のやりとりはできるだけ簡単で覚えやすくすべきだ。よくあるタスクではプロセスを省略して単純化できる。たとえば、Ford SYNC はのちにドライバーが帰路の交通情報を聞くことのできる機能を導入した。この設定を行うための音声コマンドをユーザーに教えるのは困難な作業であり、住所入力の難しさは言うまでもない。代わりに、ユーザーはインターネットで各自の Ford SYNC アカウントにログインして目的地を設定する。こうすることで、車の中では「帰り道の交通情報」などの簡単なコマンドを言うだけで必要なものを手に入れることができる。
　オーディオのデザインにも注意が必要だ。あるカーナビアプリは、他の人があなたが運転しているところを見かけたとき「ハロー」などの通知を送れるようにした。そして選ばれた通知音は「ププー」というノイズ——運転中非常に気を散らされる音だ。
　車載システムを一から作る難しさを回避するために、携帯電話に重労働を引き受けてもらうのもひとつの方法だ。Apple の Car Play（図 8-11）と Android Auto のふたつが代表例だ。

図 8-11.
Apple の Car Play

　Car Play は、ユーザーの iPhone をライトニングケーブル経由で車載システムと接続して使用する。すると、使い慣れた iPhone のインターフェースを車のタッチスクリーンでも使えるようになる。音声コマンドはハンドルのボタンを押して開始することもできる。Car Play では、iPhone でできることが何でもできるわけではないが、カーナビや音楽再生など車内で役に立つアプリを利用できる。

　Android Auto（図 8-12）も、micro USB − USB ケーブル経由で車と有線接続する。

図 8-12.
Android Auto

組み込みシステムではなくスマートフォンを利用するもうひとつの利点は、スマートフォンは人と一緒に移動するため、車内で行ったことをスマートフォンが覚えていることだ。たとえば、車の中でクリーニング屋に受け取りに行くリマインダーを設定したとしよう。そのリマインダーはスマートフォンを使って設定したので、その後あなたがどこに行っても、スマートフォンのリマインダーアプリが通知してくれる。

さらには、複雑なコマンド群を覚えさせなくても、すでにユーザーはスマートフォンに話しかけることに慣れている。

不注意運転

さて、音声認識とユーザーのそれぞれの課題が解決したとしても、まだもうひとつ、車のための VUI デザインには他のどのシステムとも違う重要な課題がある。不注意運転だ。アメリカの安全性評議会（NSC：National Safety Council）によると、2015年のアメリカでは、交通事故死者数の対前年増加率が過去半世紀で最悪だった。理由の一部は、ガソリン価格の低下と経済の改善によって路上のドライバー数が増えたためかもしれないが、一部は不注意運転の増加に起因するものと考えられる。NSC によると死亡事故の 26% は不注意運転が原因だ。[*1]

電気自動車メーカー NextEV の UX デザイナー責任者である Lisa Falkson が指摘しているように、不注意運転には 3 つのタイプがある。認識的、視覚的、および肉体的な不注意運転だ。運転中のながらスマートフォンは、3 つのいずれにおいても問題の核心だ。

電気自動車メーカーの Atieva で UX 体験担当シニアマネージャーを務める Jared Strawderman も、車載 VUI システムをデザインする際に安全が最重要であるという点で一致している。

> 自動車向けにデザインするとき、安全性はユーザビリティーと同じくらい大切な要素だ。幹線道路交通安全局（NHTSA）のガイドラインは、ドライバーは道路から 2 秒以上目を離してはいけないと定めている。これはどんな場合であっても長すぎる時間だ。モバイルアプリの音声インターフェースは、必要に応じて画面に委ねることができる。自動車向け VUI にそんな贅沢は許されない。このため、自動車の VUI デザイナーは、音声で始まった対話

[*1] "National Safety Council: Safety on the Road." (2015).
https://www.nsc.org/road-safety

をできる限り画面なしで完了できる方法を見つける必要がある。**自動車用対話システムをデザインする際に鍵となる重要な課題は、運転中にユーザーがスマートフォンを見たくなる誘惑をはねのける手助けをすることだ。**（強調は筆者による）

人々がモバイルデバイスにつながれている時間は日に日に増えてきている。ベイラー大学の小規模な調査によると、大学生は1日に「9時間」をスマートフォンに費やし、その30％がテキストメッセージのためだった。[*2]

自動運転車の時代はすぐそこに迫ってきているが、その一方で、どうすれば不注意運転者を生み出すことなく、車の中でできることを増やせるのだろうか？

自動車内での音声認識は、ひと昔前の電話での音声認識に少し似ている。すべてが正しくなくてはならない。ホンダはドライバーに対して「最良の結果を得るために、窓をすべて閉じ、エアコンのファンを弱くする」ことを推奨している。ユーザーは、「ラジオ FM プリセット 7」のようにコマンドを正しくかつ明瞭に言う必要がある。より優れたデザインなら、ユーザーはそんな情報を覚えておく必要がなく、単に「ラジオの 97.3 をかけて」、あるいはもっと簡単に「お気に入りのラジオ局をかけて」と言うだけでよいはずだ。

車によっては、ユーザーがトークボタンを押すと、利用できる音声コマンドを画面に表示するものもあるが、これは非常に気を散らされる。テキストメッセージをハンズフリーで口述筆記させる方が、スマートフォンを見ながら運転するよりはるかに安全だが、それでも気が散ることは間違いない。

不注意運転を減らすもうひとつの方法がコンテキストアウェアネス、状況を認識してそれに合わせて対応することだ。電話が着信したらオーディオを一時停止するのもそのひとつで、ドライバーは必死にデバイスをタップしなくて済む。コンテキストアウェアネスのすばらしい例が Cortana で、Bluetooth ヘッドホンがオンになっているのを検出して、運転中にテキストメッセージが来ると、発信者の名前を言い、音声読み上げするかどうかを提案する。さらに、返信する機会も与える。車を運転中の Cortana 体験のサンプルを後述する。ここでもユーザーは音声コマンドを言う前にハンドル上のボタンを押す必要がある。

[*2] "Cellphone Addiction Is 'an Increasingly Realistic Possibility,' Baylor Study of College Students Reveals" (2014).
https://www.baylor.edu/mediacommunications/news.php?action=story&story=145864

CORTANA：［音楽を中断］Cathy からのテキストメッセージです。読み上げますか、無視しますか？

ユーザー：読んで。

CORTANA：メッセージは「遅くなります。帰宅は 7 時頃」です。返信しますか、電話をかけますか、終了しますか？

ユーザー：返信。

CORTANA：OK。何と書きますか？

ユーザー：「了解、ではのちほど」。

CORTANA：OK。Cathy にテキスト、「了解、ではのちほど」。送信しますか、書き足しますか、やり直しますか？

ユーザー：送信。

CORTANA：メッセージを送信しました。［音楽を再開］

　この対話でユーザーは視覚的フィードバックなしにタスクを完了することができる。また、コマンドを簡略化することで、Cortana はそれぞれの状態で使用できるコマンドを、長いリストを提示することなくユーザーに知らせることができる。どこかのエンジニアが「でも、途中の単語だけ修正したくなるかもしれない」などと考え、豊富な編集コマンド群を揃えようとするところが想像できる。しかし、テキストメッセージが短いことを考えるとまったく意味がない。Cortana の応答が非常に短いことにも注目してほしい。「あなた宛てのメッセージです：〈メッセージ〉。ではこれを送りましょうか、追加しますか？ もし間違っていたら、やり直すこともできます。どうしますか？」などと言われたら面倒でたまらない。代わりに、短く、心地よくすること。こういう状況では、簡潔さが重要だ。

　TeleLingo の LingoFit は、車内 VUI で 2 種類のアプローチをとっている。目的の

ひとつは、ドライバーが注意散漫になったり眠そうになったときに警告を与えることだ。「安全で車の少ない道路を走っているとき、ドライバーの注意度が必要なレベルを超えると、LingoFit は脳をリラックスさせる運動を提案する」。

たとえば、LingoFit は、ユーザーのスライドの内容について質問して今度のプレゼンテーションの準備を手伝うこともできる。外国語学習の手助けもする。車の中にいることの利点は、コンテキストを利用できることだ。たとえば、もし車が橋を渡っていたら、この機会を利用して「橋」という単語を教えれば記憶に残りやすい。

Strawderman は、モバイルと車の VUI デザインの違いについてもうひとつ指摘している。

> もうひとつの要素は、デバイスとユーザーの関係性だ。モバイルデバイスでは、ユーザーが誰であるかはデバイスの所有者によって容易にわかる。言い換えれば、モバイルデバイスはめったに共有されないが、車はしばしば共有される。このため、体験のパーソナライズは少々難しくなるが、不可能ではない。

さらに以下のようにも指摘している。

> しかし車の中では、視覚的アフォーダンスを必要とする決定的なユースケースがある。たとえば、車内で頻繁に使われることが明らかな機能にナビゲーションシステムがある。交通状況や代替経路、観光スポットの検索結果セットなどを詳しく伝えようとすれば、自動車用 UI と画面が必要になる。これは、Echo ユーザーが Alexa には決して期待しないことだ。

デバイス間切り替え

先に述べたように、デザイナーとして、車に乗っているときと降りたあとのユーザー体験をできる限りシームレスにすることは不可欠だ。車内で複数のデバイス、たとえば車載システム、スマートフォン、スマートウォッチなどが同時に聞き耳を立てている状況への対応も必須だ。どのデバイスが聞くべきなのか？ Karen Kaushansky によれば、「状況に応じて最良の結果を生むデバイス」だ。さらに彼女は、「実際私は誰が聞いても構わない……正しいことをしてさえくれればいい」と言う。全デバイスに聞かせて、「誰が答えるかを相談させる」。必要に応じて、ユーザーにデバイスを指定

させる方法も有効だ。たとえば、「これをウォッチに保存して」。

　もし私が運転しているときに、「昨日のジャイアンツのゲーム、どっちが勝った？」と聞いたら、スマートウォッチは私が運転中であることを検知して、表示をやめるべきだ。代わりに、結果を音声で聞かせるか、もしウォッチにその機能がなければ、スマートフォンに依頼する。

　同じく Amazon Echo に携わった Strawderman は、オーディオブックを聞いているときにデバイス間切り替えができる機能を称賛している。

> 私は車の中でモバイルデバイス上の Audible にある本を Bluetooth 経由で聞いていた。車を降りて家に入ったとき、どこまで読んだかを Alexa が正確に知っていることに感動した。あれは魔法のような体験だった。

インタラクションモード

　車の中でのインタラクションモードをどう選ぶかは重要なデザイン決定だ。ユーザーには話し始める前に物理ボタンを押させるのか？ 最初だけボタンを押させるが、1回の会話の中では押さなくても応答できるようにするのか？ ウェイクワードを使うのか？

　今のところ、「プッシュトゥトーク」方式が支配的だ。これは非常に現実的な選択で、これなら車は、ユーザーが話しかけてきたかどうか常に聞いている必要がない。もうひとつの利点は、プッシュトゥトーク方式なら音楽やポッドキャスティングなどのオーディオを自動的に消音あるいは停止して、認識精度を高められることだ。そして、Echo などのデバイスと異なり、システムはドライバーが車の中にいることを知っている。ドライバーは常にハンドル上のボタンの近くにいる。部屋の向こう側でソファに座っているのではない。

　一方、Amazon Echo や Google Home のようなデバイスが一般的になるにつれ、人々はそのモデルに慣れてきて、車の中でも同じような振る舞いを期待するかもしれない。理想的なアプローチはハイブリッドだ。プッシュトゥトーク方式で新たな対話を開始するが、ユーザーは会話の中ではボタンを押さなくても応答できる。たとえば、先ほどの Cortana のテキストメッセージのシナリオで、Cortana が「読み上げますか、無視しますか？」と尋ねたとき、Cortana はユーザーがボタンを使わなくても短時間応答を待ってくれる。あるいは、もしユーザーがボタンを押して曲を選んだけれども、曖昧だったとき（「聴きたいのはケイティ・ペリーの I Kissed a Girl ですか、それと

もジル・ソビュールのですか？」）、ユーザーはもう一度ボタンを押すことなく「ジル・ソビュール」と言える。

自動車でのVUIシステムに関する結論

　スマートフォンの全機能をドライバーが使えるようになるVUI体験をデザインすることはとても魅力的だが、注意が必要だ。人は車の中でいろいろなことをやりたがるが、それはデザイナーがそれをやらせるべきだという意味ではない。電話で話すよりも同乗者と話す方が気が散らない理由のひとつは、同乗者は状況を認識しているので、ドライバーが難しい運転状況にいるとき、たとえば、路上の障害物を避けているときなどには話すのをやめる。しかし、電話の相手やVUIは、ドライバーが集中を高めなくてはいけないときを知らない。もっともよく使われて役に立つタスクに集中し、それをシンプルでわかりやすくデザインすることでドライバーの注意散漫を最小限に抑え、全員の安全を心がけるべきだ。

　そう遠くない将来に自動運転車が出てきたとき、自動車用のVUIデザインはまったく新しいフェーズに突入するだろう。不注意運転は問題ではなくなるが、相乗りしたときのプライバシーなどの新しい問題が出現する。音声は必ずしも望ましい方法ではなくなるかもしれない。おそらく、ボタンを押したりウィンドウをスクロールする方が、コマンドを口にすることよりも車内ユーザーには好まれるだろう。

　Strawdermanも、信用に関する課題に言及している。

> 自動車内での音声利用について私が感じる問題は、ユーザー間の信頼の欠如に起因する。車内でのVUIは主としてコマンド制御型の対話であり、ユーザーがシステムの期待することを正確に言わなければ、たちまち崩壊する。自動車向けOEMメーカーが自然言語理解（NLU）を正しく実行し、意味のある機能を十分提供するようになれば、ユーザーの信頼も得られるだろう。ユーザーがスマートフォンに向かって話すのと同じように、何でも車に言えて、ほとんどの場合に役立つ応答を得られると確信できるところまでいけば、音声はユーザーが車の中でシステムと対話する有力な方法になる。

　このセクションでは、Jared Strawderman、Lisa Falkson、およびKaren Kaushanskyの協力を得たことを感謝している。

8.3　結論

　もはやVUIはスマートフォンだけのものではない。車の中に、みんなの腕に、そして家の冷蔵庫にも広がっている。それぞれのデバイスにはそれぞれデザイン上の課題があり、それはIVRともモバイル体験とも違うものかもしれない。

　本書の執筆時点で、多くの新しいデバイスや自動車用のVUIが発売されつつある。VUIが普及する中、目標を見失わないことが重要だ。それは楽しく、使いやすくすることである。

エピローグ

　VUI は 1950 年代に登場して以来、大きな発展を続けてきた。現在の VUI は今までになく SF 小説で描かれた未来像に似てきた。声に出すだけで、音楽を（数百万曲の中から）リクエストしたり、車を呼んで拾ってもらったり、ウズベキスタンの人口を調べたり、何千マイルも離れた誰かにメッセージを送ることができる。

　VUI はどこにでもあるわけではないが、人気は高まっている。最近の Business Insider の記事によると、デジタルアシスタントを利用したことのある人は 5 億 400 万人に上り、その数は 2021 年までに 18 億人に増えると推定している。[*1] すでに多くのやりとりが音声で行われており、自然言語理解技術が改善されるにつれ、特に家庭内では多くのアクションが音声駆動になることは間違いない。

　最近私は、父の誕生日を祝うために電話をかけた。Amazon Echo に頼んでハッピーバースデーを歌ってもらい、4 人——夫と私と息子と Alexa——で一緒に歌った。Alexa は我が家の信頼できる一員になりつつあり、毎日話しかけている。息子が宿題をやっていて単語のスペリングがわからないとき、私たちが教えないと「いいよ、Alexa に聞くから！」と言った。あるとき、家のルーターを再起動する必要があり、Echo がつながっているかどうか知りたかったので、私は自然に「Alexa、動いてる？」と尋ねた。彼女は「すべて問題なく動いています」と答えた。点滅するライトやスマートフォンのグラフを見るのと比べて、どれほど心地よいことだろうか。

　現在 Echo や Google Home のようなホームアシスタントは、楽しいガジェットだ。贅沢品であり、軽薄なおもちゃと見る人もいる。しかし、映画『2001 年宇宙の旅』

---

*1 Dunn, J.(2016). "Virtual Assistants Like Siri and Alexa Look Poised to Explode."
https://www.businessinsider.in/Virtual-assistants-like-Siri-and-Alexa-look-poised-to-explode/articleshow/53879883.cms

や『スター・トレック』や『her／世界で一つの彼女』が物語の重要な要素としてVUIを使っているのには理由がある。それはコンピューターとのスムーズなコミュニケーションだ。人はコミュニケーションを切望する。近くに誰もいないと、人はペットやテレビに話しかける。コンピューターとも話がしたいのだ。最近までそれは現実的な可能性ではなかった。そして今もまだ先は長い。しかし、正しいデザイン原理をもってすれば、VUIは単なるギミックではなくなる。VUIは人とテクノロジーが触れ合う方法を根本から変え、われわれがコンピューターのように振る舞うのではなく、より人間らしく振る舞えるようにする可能性を持っているのだ。

しまいがちだ。他の人たちにテストしてもらうことで、自分には決して起きることのなかった物事に対して大きく目を見開くことができる。たとえば、Senselyのモバイルアプリの早期バージョンを紹介していたとき、私はリストをスクロールダウンするとさらに項目が出てくることに多くの人が気づかなかったことを発見した。私たちはそのアプリを使うことに慣れきっていたので、自分たちには起こりえないことだったが、すぐにデザインを変更すべきだと気づいた。

付録
本書で取り上げた製品

モバイルアシスタント
- Api.ai Assistant
- Cortana
- Hound
- Google アシスタント
- Robin
- Siri

ホームアシスタント
- Amazon Echo
- Homey（Athom）
- Google Home
- Ivee
- Mycroft

おもちゃ／その他
- Eagle Eye Freefall（Telefon Projekt）
- Hello Barbie（Mattel and ToyTalk/PullString）
- Jibo
- Sophia（Hanson Robotics）
- Star Trek "ComBadge"（ThinkGeek、http://www.thinkgeek.com/product/jmgi/）

・You Don't Know Jack

アプリ

・Gracie avatar（SILVIA）
・Merly
・Moodies（Beyond Verbal）
・Sensely
・SpeakaZoo（ToyTalk）
・Volio（including Talk to Esquire）
・The Winston Show（ToyTalk）

ビデオゲーム

・Binary Domain
・There Came an Echo
・Verbis Virtus

腕時計／ブレスレット

・Apple Watch（https://www.apple.com/jp/watch/）
・Microsoft Band（https://www.microsoft.com/en-us/band）
・Moto 360（https://www.motorola.co.jp/products/moto-360）
・Pebble

車載システム

・Honda Odyssey（https://www.honda.co.jp/ODYSSEY/webcatalog/equipment/navi/）
・Ford SYNC music example（https://www.ford.com/technology/sync/）
・Apple Car Play（https://www.apple.com/jp/ios/carplay/）
・Android Auto（https://www.android.com/auto/）
・LingoFit（https://www.youtube.com/watch?v=-9Fs0PrGFKE）

日本版特別寄稿 1
サービスから考えるVUIのデザイン

吉橋 昭夫●多摩美術大学 情報デザイン学科 准教授
川本 大功●慶応義塾大学 SFC 研究所／デジタルハリウッド大学メディアサイエンス研究所

『デザイニング・ボイスユーザーインターフェース』（以下、本書）の読者の中には、VUI に関心を持ちながらも、実際にどんなアプリまたはスキルを制作するのかまだ決まっていない方もいるだろう。本稿では「サービスデザイン」[*1] の観点から、VUI デザインについて考えていく。

1.1　VUI とサービス

　まず、VUI を使ったアプリを通じてユーザーにサービスが提供される場面について考えてみよう。新たに VUI を使ったアプリを制作した場合でも、既存のアプリに VUI を追加した場合でも、特別な例を除いて、VUI は UI の選択肢のうちのひとつである。VUI はあくまでもサービスを構成する要素のひとつであり、理想的なユーザー体験を実現するためのツールのひとつである。VUI はどんな場合でも有効な万能のツールではない、ということは前提として押さえておきたい。

　ユーザーはサービス全体を「経験する」ため、VUI のパートだけを取り出して個別に検討することは避けるべきである。一般的なユーザーが経験して評価するのは、サービス全体であるため、VUI デザインを行う際には、サービス全体と VUI の一貫性に配慮しなければならない。サービスと VUI のコンセプトが一貫していない場合にはユーザー体験を損なってしまうばかりか、ユーザーを混乱させてしまうことになる。サービスと VUI とが連動して、一貫性を持つことで理想的なユーザー体験を提供することができる。

[*1]　サービスデザインについての詳細は、『サービスデザインの教科書：共創するビジネスのつくりかた』（武山 政直 著、NTT出版刊、2017 年 9 月）や、『THIS IS SERVICE DESIGN THINKING. Basics-Tools-Cases』（マーク・スティックドーン／ヤコブ・シュナイダー編、ビー・エヌ・エヌ新社刊、2013 年 7 月）を参照されたい。

以下に、サービス全体を考えるという観点から VUI をデザインするために考慮すべき事柄について述べていく。

1.1.1　サービスの中での VUI の位置付け

まず初めに、あなたが提供しようとしている「サービス」全体の中で、VUI にどういう役割を担わせ、どんな場面で、どのように使わせるのかという VUI の位置付けを定めることが大切である。アラームといった 1 回限りのタスクを処理するだけのものなのか、それとも VUI によるユーザーとのやりとりがそのサービスの中核を担うのか、その位置付けによって、VUI をどのようなものにするか、開発にどの程度の時間と費用をかけるか、という方針や考え方が異なる。

このとき、判断の基準になるのは、サービス全体の「ユーザー体験」であり、ユーザーの視点から発想することが基本となる。提供しようとしているサービスのターゲットユーザーは誰なのか、ユーザーの生活の中でどのように使われるサービスなのかという視点である。ユーザーが自分と同じような人であれば自分の生活の中でどのように使うのかを想像しやすいが、自分とは全く異なる人の場合、どこまでユーザーの目線になれるかがポイントとなる。つまり、ユーザーの姿や、ユーザーがサービスを利用する場面、すなわち利用しようと思い立ったところから利用し終わったあとまでを具体的に想像してみることが重要である。

デザインやデザイン思考、ユーザー・リサーチなどのトレーニングを受けた人であれば、本格的な調査を行う前でもユーザーの視点で考えることができるだろう。それが難しい場合は、想定するターゲットユーザーへのインタビューや、ユーザーの観察を行って、サービス利用者としてのユーザーの姿をできる限りリアリティーを持って想定する必要がある。

ユーザーの姿が想像できるようになったら、提供しようとしているサービスと類似するサービスを「サービスサファリ」[*2] で観察してみたり、サービスの全体像を「カスタマージャーニーマップ」[*3] や「サービスブループリント」[*4] を使って可視化するとよ

[*2]　サービスサファリとは「参加者が『実世界』で実際にサービスを体験し、良いサービスと悪いサービスの事例を集める技法」のこと。出典:『THIS IS SERVICE DESIGN THINKING. Basics-Tools-Cases』(マーク・スティックドーン／ヤコブ・シュナイダー編、ビー・エヌ・エヌ新社刊、2013 年 7 月) PP.154

[*3]　カスタマージャーニーマップとは「ひとつのサービスが提供するユーザーエクスペリエンスをビビッドに、なおかつすっきり構造化して図解する技法」のこと。出典:『THIS IS SERVICE DESIGN THINKING. Basics-Tools-Cases』(マーク・スティックドーン／ヤコブ・シュナイダー編、ビー・エヌ・エヌ新社刊、2013 年 7 月) PP.158

[*4]　サービスブループリントとは「ひとつのサービスを構成する個々の要素を特定し、その詳細を明らかにする技法」のこと。出典:『THIS IS SERVICE DESIGN THINKING. Basics-Tools-Cases』(マーク・スティックドーン／ヤコブ・シュナイダー編、ビー・エヌ・エヌ新社刊、2013 年 7 月) PP.204

い。これにより、サービス全体のユーザー体験の中で、VUI によって解決できる課題や VUI を使うべき場面、VUI が担うべき役割が明確になるだろう。またサービスの全体像が明確になることで、VUI のシナリオなどをデザインしやすくなる。

1.2　VUI デザイン

　サービス全体の中での VUI の位置付けが決まったら、ようやく VUI の具体的なデザインに取り掛かることができる。VUI デザインの詳細については、本書を参照されたい。本稿ではサービスデザインの観点からいくつか補足していく。

1.2.1　会話のゴール／ユーザーの意図

　サービスの中で行われるユーザーと VUI との会話をデザインする際、会話ごとにゴールを明確に設定する必要がある。言い換えれば、VUI との会話によってユーザーが実現したい「意図」を明らかにする必要がある。たとえば、アラームを設定したい、明日の天気予報を聞きたい、音楽を再生したい、などである。

　本書でも述べられているとおり、VUI は 1 回限りのタスクで使われることが多いが、IVR システムのように複雑なタスクの処理を行う場合もある。1 回限りのタスクで使われる場合はユーザーの意図は比較的わかりやすいが、ここで注意すべきは、タスクが 1 回限りだとしてもユーザーの実現したい意図はひとつだけとは限らないということである。たとえばアラームをセットする場合、アラームの時間を設定したいという意図、鳴動後にアラームを止めたいという意図など、アラームセットというタスクの中に複数の意図が埋め込まれている。

　複雑なタスクの処理の場合は、既存のシステムを観察したり、サービスの「場面」ごとに細分化することでユーザーの意図を具体化することができる。たとえば、Spotify のような音楽再生サービスのアプリでは、ユーザーが聞きたい楽曲やプレイリストを探す場面、ユーザーが楽曲の再生・停止などを操作する場面、ユーザーが自分のオリジナルのプレイリストに楽曲を追加したり編集する場面など、サービス全体を通じてさまざまな場面が存在している。それぞれの場面ごとに、ユーザーの複数の意図が存在していることを理解しておきたい。

　タスクに含まれるユーザーの意図を確認し、会話のゴールを明確にすることで、対話サンプルやフローの作成が容易となる。会話が終了した段階で、ユーザーの意図がきちんと達成できているかをチェックすることで、的外れなシナリオを作成することは避けられるだろう。

ゴールに到達するまでに明らかに複雑なフローになる場合や、長いリストからユーザーに選択させる必要がある場合は、そもそも VUI に適さない可能性が高い。無理に VUI を使おうとせず、ビジュアル表示を利用してマルチモーダルな UI を検討したり、ゴールを再検討するなど、全体のバランスを整えてサービスを成立させる方法を考えるべきである。ユーザーに複雑なタスクを VUI で行わせようとしたものの、VUI が適切に反応できずユーザーが当初の目的達成を断念してしまった場合には、ユーザーは心理的なダメージを受ける。意図が伝わらない経験をすると、ユーザーは、タスクから離脱するだけでなく、サービスを 2 度と使わなくなる恐れがある。大切なことは、サービス全体を通じたユーザー体験を向上させることであって、VUI にこだわることではない。

1.2.2　VUI のキャラクターのデザイン

本書の中でも 3 章で VUI のペルソナのデザインについて記述がなされている。日本においてマーケティング用語としてのペルソナは、一般的にユーザーのことを指しており、これまでシステム側のペルソナはなかった。VUI に関する議論では、ペルソナというよりも「キャラクター」といった方が日本では馴染みやすいと考え、本稿では「キャラクター」という言葉を用いる。本書でも述べられているとおり、ペルソナとキャラクターはほぼ同義である。キャラクターをより詳細に定義するのであれば、「ある VUI に関する、制作者によって設計され、かつ、その VUI と認識するために、音声、発言、動作、性格などによって特徴付けられた抽象的概念」[*5] と定義できる。さらにバックグラウンドストーリーを含む「世界観」[*6] を合わせて設定しておくことで、キャラクターに奥行きを持たせることが可能となる。

キャラクターや世界観の設定には、CM やマンガ、ゲームなどの設定資料が参考になる。VUI でもキャラクターや世界観について設定資料を制作しておくとよい。設

[*5]　参考：ソフトバンクロボティクス株式会社「商標・著作物・Pepper キャラクターに関するガイドライン」(2016 年 11 月 28 日)
　　https://cdn.softbank.jp/mobile/set/data/static/robot/legal/pepper_character_guideline.pdf
　　(最終アクセス：2018 年 10 月 20 日)

[*6]　VUI において世界観とは、「キャラクターやセリフ、ビジュアルフィードバックなどすべてのデザインテイストの基準となる大きな枠組みのこと」である。またキャラクターのバックグラウンドストーリーは「実際のユーザ使用や実環境とは直接的には関係のない物語的要素」である。これを設定することでユーザーが VUI の「一つ一つのふるまいに対する物語的文脈と，その物語上での必然性を意味的に理解可能にする」ことができる。
　　引用および参考：長田純一「ロボットのデザインって何？―パーソナルロボット PaPeRo の開発現場から―」日本ロボット学会誌 Vol.22 No.8 pp.974-978 (2004 年 11 月)

定資料は、キャラクターの一貫性を保つためだけではなく、サービス全体とVUIの一貫性を保つためにも役に立つ。

　VUIのキャラクターは、会話のムードを作り出すうえで非常に重要である。キャラクターはサービス全体でのVUIの位置付け、ユーザーや会話のゴール、口調、使用する用語、声などによってデザインを変える必要がある。あくまでもゴールに達するためにキャラクターは存在しているのであり、キャラクターがユーザーの目的達成の邪魔をしてはならない。ユーザーは、キャラクターに合わせてVUIへの対応を変えていくので、キャラクターの設定と対話サンプルを何種類か作成して読み合わせを行ったうえで、サービスに適したものを検証して選ぶとよい。ユーザーが楽しみながらサービスを利用するのはもちろんすばらしいことだが、一部のエンターテイメントサービスを除いて、単にVUIとの会話が楽しいだけでは提供するサービスの本来の価値や意味が伝わったことにはならず、本末転倒にならないよう注意が必要である。

　アプリによっては、ニュートラルなキャラクターではなく、特徴的なキャラクターが必要になる場合もある。そのようなキャラクターの特徴付けには、CMや演劇、マンガやアニメなどの演出が参考になる。いずれも人間の自然な振る舞いや、人間のように振る舞うモノを演出していることに加え、特徴的なキャラクターを生み出し、動作などの表現演出によってキャラクターの特徴性を際立たせている。「人間のような振る舞い」は文化やコンテキストに依存しており、文脈を離れると理解されなかったり誤解される恐れがあることには注意したい。

　すでに既存のサービスが存在している場合、既存サービスとVUIのトーン＆マナーを揃えるのか変えるのかを決める必要がある。たとえば、百貨店や航空会社といった接客マニュアルが整備されている企業がVUIを作る場合は、その接客マニュアルをVUIにも応用すると、ブランドイメージと合致したキャラクターのデザインがしやすいだろう。ただし、ターゲットとなる顧客が従来と異なる場合には、既存の接客マニュアルを踏襲する必要はなく、新しいコンセプトに基づいた新たなキャラクターのデザインをVUIに採用する方がよい場合もある。

　VUIのキャラクターと会話のムード、ゴールはすべて関連しているため、キャラクターをデザインするうえではこれらのバランスを取ることが難しい。今はVUIの過渡期のため試行錯誤しながら、うまくバランスが取れるポイントを探していく必要がある。また、VUIのデザインを効率よく進めるためには、コミュニケーションロボットやテキストのチャットボットなど、キャラクターが関係する他の領域での既知の知見やノウハウを取り入れたり、コンサルティングやカウンセリングといった専門領域

のコミュニケーションの方法などを参照するとよい。また、VUIをゼロから考えるよりも、GUIの基本的なインタラクションのルールやパターンを参考にしながら、破綻しない会話を検討していく方が効率的だろう。

　日本は特にキャラクター文化への造詣が深いため、キャラクターをデザインするうえで参考となる情報は上述した分野に蓄積されている。それらをVUIに適切に取り入れて活用したい。キャラクターは、VUIを使ったサービスのユーザー体験においては、サービスの象徴としてユーザーとの接点を担い、さらに音声はユーザーの感情や共感にアプローチしやすい。VUIにおけるキャラクターのデザインは、サービスデザインのうえでも極めて重要な要素となるといえる。

1.2.3　会話の始め方と終わり方、そして中断

　会話のゴールやVUIのキャラクターのデザインの他にも、ユーザー体験に大きく影響するのが、会話の始め方や終わり方、中断である。進行する会話だけでなく、これらについても十分な検討を行っておくべきである。

会話の始め方

　どちらから声をかけるのか（どちらが先に口を開くのか）、というのはユーザー・インターフェースにおいて基本的な問題である。現在、一般的には、システム側からガイドとなるプロンプトを発話するのがよいとされている。Alexaの会話型のスキルでも、ウェイクワードを使ってスキルを起動したあとに、Alexa側からユーザーをガイドするプロンプトを発するものが多い。1回限りのタスクについては、スキルを起動したらすぐにそのタスクを実行する。VUIでは、GUIと異なり、システムが今どのような状態になっているのかをユーザーがひと目で見分けることができない。だからこそ、話しかけるプロンプトの設計は重要となる。

　システム側から話しかけない場合、ユーザーに使い方を教えるためのガイドを用意しておくとよいだろう。たとえばAppleのSiriは、ウェイクワードで起動したあと、ユーザーからの発話がないと「このように話しかけてください」というガイドを画面上に表示している。コミュニケーションロボットの場合には、シャープのRoBoHoNのように、ユーザーからの応答がないときにひとり遊びを始めるものもある。子供やシニア向けの見守りサービスのようなものでは、スマートスピーカーが突然独り言を言い出してユーザーの関心を引く、という演出もあり得るだろう。ただ、現実にはVUIに対して「何ができるの？」と質問するユーザーはほとんどおらず、とりあえ

ず思い付きで何か口に出して言ってみるというユーザーが大半と思われる。発話された内容がその時点では VUI が対応できないことだった場合には、ユーザーが納得できる答えを返し、できないことはできないとユーザーに正直に伝えることが必要で、ユーザーとの信頼関係を築くうえでも大切なやりとりである。

　新しい機能をユーザーに伝える方法も、サービス提供の開始時点から検討しておくとよい。スマートフォンのアプリの場合には、バッジなどでシステム側からの通知があることをユーザーに直感的に伝えることができるが、VUI ではそのような通知は難しい。ユーザーから問われれば答えることができるが、ユーザー側からわざわざ「新しい機能はあるの？」と聞く習慣は現時点ではない。これに対応するためには、アプリ起動時や会話の開始時に通知音を入れるなど、システム側からの通知があることをユーザーに伝える方法を初めからアプリに組み込んでおくとよい。マルチモーダルなアプリであれば、通知音以外にもビジュアルな要素を使いユーザーに通知することができる。

会話の終わり方

　目的がはっきりしている場合には、目的が達成されれば会話は終了する。たとえば、天気予報を教えて欲しいときに、今日の天気を知ることができれば、会話はそこでおのずと終了する。ただし、複雑なタスクを処理している場合などでは、ユーザーは会話が終わったと思っていても、プロトコルでは処理が終わっていないという場合もあり得る。終了を知らせる方法としては、サウンドユーザーインターフェースの「効果音」をうまく使うことでシステム側の状態をユーザーに伝えることができる。iPhone で充電が始まったときに鳴る音や、Windows や Mac でゴミ箱を空にするときに鳴る「くしゃくしゃっ」とした音などはその例である。GUI では、ユーザーにシステムの処理の開始や完了を知らせるためには、システムの状態を視覚的に見せる必要があるが、VUI では、効果音を適切に鳴らすことで非言語的に状態変化をユーザーに知らせることができる。

　ユーザーは、サウンドユーザーインターフェースとしての効果音を聴き慣れているので、それを VUI アプリにも応用することができる。サウンドユーザーインターフェースのデザインについての詳細は省くが、どの情報を伝えるのか、どのタイミングで伝えるのか、どんな効果音で伝えるのか、という 3 点を意識するとわかりやすい VUI を考える場合の助けとなる。

会話の中断

　VUIはタイムライン（時系列）に依存している。そのため、ユーザーがVUIとの会話の途中で他のことに気を取られて一時的に離脱したり、「今何をしているのか」を忘れてしまう可能性がある。そのような事態に対してはVUIはかなり脆弱である。

　サービスのプロセスの途中でユーザーが離脱してしまった場合、タイムアウトするのが一般的であるが、GUIのようにそのままユーザーを待ち続ける、あるいは一時的に状態を保存してユーザーが復帰したときにリマインドする、といった選択肢も考えられる。いずれにせよ、ユーザーが会話の途中でやめたり中断してしまうことを初めから想定してエラーハンドリングを用意しておくべきである。または中断を前提として、ステップを区切るといったフローをデザインするべきだろう。

　たとえば、Alexaで音楽をかけている最中に電話があり「Alexa、ストップ」と言って音楽を停止したあと、電話が終わった時点で、何気なく「Alexa、続けて」と言ったら音楽の続きから再開されたことがあった。これは中断を前提としている良いVUIといえる。もし音楽を停止したあとで、先ほどの続きを聴くために初めから該当する曲を選び、停止したところをVUIで指示するプロセスを想像してほしい。音楽を聴くためのアプリのユーザー体験としては決して良好とはいえず、VUIでそのような操作が可能だとしても使う気にはならないだろう。

　一時的に状態を保存して復帰した際にリマインドしたり、途中で止まっているタスクがあることをリマインドする場合には、中断の直前のプロセスを伝えるなどユーザーが復帰するためのガイドも必要になる。ユーザーは中断したときの状況を正確に記憶しているとは限らず、中断前の状況を忘れていることもある。ユーザーを中断から復帰させることはたやすくないが、それを支援する方法について検討してほしい。

1.2.4　ユーザーに学んでもらう仕掛け

　かつてネット検索の普及期には、検索で望みの情報をいち早く出すために、検索キーワードの組み合わせやクエリの表記のノウハウが有効な時代があった。同じようなことがVUIでも今後出てくると予想している。ユーザーはVUIを日常的に使いつつ、自分の意図を伝えやすくするための発話やコツをさまざまに試行ながら学んでいく。ユーザーにVUIの使い方のノウハウを学んでもらうためには、ユーザーに小さな成功体験をたくさん積んでもらうことが重要になる。ユーザーは、一度何かにチャレンジし、それがうまくいくとその方法を学び、それを似たような別のことに当てはめてみるものである。その体験が重なってVUIを使いこなせるようになる。

そのほかにも、ユーザーの学習コストをいかにして小さくするかを考える必要がある。VUIを使うための学習コストが高いと、せっかく音声を利用しているVUIのメリットが下がってしまう。すでに既存のサービスやシステムが存在しているのであれば、現在はどのようなUIを実装し、ユーザーが実際にどのように操作しているかをきちんと把握することが大切である。既存システムのUIの動作を言葉に置き換えてVUI用に翻案することで、ユーザーの学習コストを下げられる可能性がある。

1.3　まとめ

本稿では、サービスデザインの観点から、VUIデザインにおいて重要となるポイントを解説した。特に重要なのは、「サービス」の全体の中でVUIにどういう役割を持たせ、どういう場面で、どのように使わせるのかという位置付けを定義することである。この位置付けによって、会話のゴールや、デザインするVUIのキャラクターをはじめ、VUIの多くの要素が影響を受けることになる。VUIのキャラクターをデザインする際には、CMやマンガ、アニメの演出が参考になるが、あくまでもゴールを達成するためにキャラクターをデザインすることを忘れてはならない。さらにVUIはタイムラインに大きく依存するユーザーインターフェースであるため、ユーザーが会話を「中断」した際のエラーハンドリングについても最初から検討しておくべきである。

サービスをデザインする、という観点からVUIを捉え直すことで、優れたユーザー体験やVUIをデザインすることができるだろう。本稿がVUIという新領域に取り組もうとする読者の参考になれば幸いである。

＜著者紹介＞
吉橋 昭夫（よしはし・あきお）
多摩美術大学 情報デザイン学科 准教授。UI/UX デザイン、サービスデザインの教育と研究に取り組んでいる。国内ではいち早くサービスデザインの実践的なカリキュラムを策定・実施し、IT・サービス系企業との産学共同研究を数多く手がけている。医療とデザイン、経営学とデザイン、社会課題解決のためのデザインなどに関心がある。千葉大学工業意匠学科卒、芸術学修士（多摩美術大学）、経営情報学修士（多摩大学）。

川本 大功（かわもと・はるく）
本書監訳者（281 ページ参照）。

日本版特別寄稿 2
コミュニケーションロボットから学ぶ VUI/UX

北構 武憲●ロボットスタート株式会社 取締役副社長

　この本を手に取っている読者は VUI/UX に興味をお持ちの方だと思うので、さっそく VUI/UX に関連の深い「音声アシスタント」の流れを振り返ってみたい。

　2011 年 10 月 14 日に iPhone 4S の機能として導入された Apple の「Siri」が、読者に馴染みのある音声アシスタントかもしれない。音声を使ったスマートフォンアプリとの連携操作や、質問に対して気の利いた回答をしてくれることはすでにご存知だと思われる。登場したころ、ついに未来がやってきたという感覚を持ったのは筆者だけではないだろう。日本語には 2012 年 3 月 8 日に対応した。

　日本語の音声アシスタントといえば、NTT ドコモの「しゃべってコンシェル」も忘れてはいけない。Apple の Siri の日本語対応よりも 1 週間早い、2012 年 3 月 1 日にサービスを開始した。

　ひつじのしつじくんで有名なこのサービスは、フィーチャーフォンやスマートフォンで使うことを想定したカスタマイズがされているのが特徴だ。外出時に使うことが多いためか、パソコンに比べ内容の正確さよりもスピード重視で反応を返す工夫をしている。検索結果を表示する際、スピードを重視するために精度の高さよりもそれなりの検索結果を早く表示させるというものだ。[*1]

　ユーザーからの音声による指示に対し、NTT ドコモの d メニューに掲載されているコンテンツを表示させる点も特徴といえよう。フィーチャーフォン時代からのコンテンツの資産があるからこそ可能なことである。[*2]

---

*1 「しゃべってコンシェル」の開発者に突撃インタビュー！【今すぐできる！「しゃべってコンシェル」カンタン活用ガイド!!- 第 1 回 -】-mobile ASCII
　http://mobileascii.jp/elem/000/000/045/45798/
*2 ドコモの音声エージェント「しゃべってコンシェル」、開発の狙いとは - ITmedia Mobile
　http://www.itmedia.co.jp/mobile/articles/1202/28/news110.html

これら 2 つのサービスは、主に外出先からスマートフォンでの利用を想定したものであった。

2.1　スマートスピーカーの登場

では、今話題のスマートスピーカーはいつ登場したのか振り返ってみよう。

一番最初に登場したスマートスピーカーは、2014 年 11 月に販売開始した Amazon による「Amazon Echo」だ。当初は招待制で、誰でも購入することはできなかった。

音声アシスタントの Alexa が搭載されており、「スキル」という追加機能を持つのが特徴だ。スキルは SDK により誰でも作ることができる。Amazon はスキル開発者に向けたドキュメントや動画コンテンツに力を入れ、賞金付きのコンテストも活発に行なっている。これら開発者に向けた活動が功を奏してか、スキルの数は 2018 年 9 月時点でアメリカでは 50,000 スキル[3]、日本では 1,500 スキル[4] を超え、ライバルの追随を許さない多さだ。

音声アシスタントの先駆けである Apple の Siri や NTT ドコモのしゃべってコンシェルと比べ、Amazon はオープン戦略をとっているのが特徴だ。

一方の Google は Amazon に対抗するためスマートスピーカーの開発に取り組んでいると 2016 年 3 月に報じられ[5]、Amazon から遅れること 2 年となる 2018 年 11 月に「Google Home」の販売を開始。音声アシスタントの Google アシスタントが搭載されており、Amazon におけるスキル同様の「アクション」という追加機能を持つ。スキルとアクションは呼び名が違うだけで同じような概念を指し示すと思ってもよい。

Google もアクション開発においてオープン戦略をとっている。このようにスマートスピーカーのソフトウェア開発ではオープン戦略が一般的である。

現在アメリカでは Amazon と Google による熾烈なスマートスピーカーの販売合戦が行われている。

日本では LINE による「Clova WAVE」が先行体験版という形で、台数限定ながら 2017 年 7 月 14 日から予約を開始した。同年 8 月 23 日から順次発送され、日本で最

---

[3] Amazon Alexa Now Has 50,000 Skills Worldwide, works with 20,000 Devices, Used by 3,500 Brands - Voicebot
https://voicebot.ai/2018/09/02/amazon-alexa-now-has-50000-skills-worldwide-is-on-20000-devices-used-by-3500-brands/

[4] ロボットスタート株式会社調べ

[5] Google is brewing a competitor to Amazon Echo - Android Authority
https://www.androidauthority.com/google-amazon-echo-competitor-682190/

も早く手にすることができたスマートスピーカーとなった。

その後、Googleが2017年10月6日にGoogle Home日本版の販売を開始。Amazonは同年11月8日にAmazon Echo日本発売を発表し、11月15日から招待制による販売をスタート。一般販売開始は2018年4月3日と、日本では後発の販売となった。

2018年5月10日、NTTドコモがしゃべってコンシェルの後継となる音声アシスタントサービス「my daiz（マイデイズ）」をサービス開始。こちらにもAmazonのスキル、Googleのアクション同様の「メンバー」と呼ばれる機能が搭載された。[6]

以上が現状の音声アシスタント・スマートスピーカーの流れであろう。

2.2　VUI/UXにおけるコミュニケーションロボットという流れ

VUI/UXという観点で忘れてはいけない、コミュニケーションロボットについても紹介しておきたい。

本題に入る前に、ロボットの種類について説明しておこう。ロボットは大きく以下の3種類に分けられる。

工場などで使われる「産業用ロボット」、お掃除ロボット Roomba（ルンバ）のように人間と同じ空間で作業を行う「サービスロボット」、そしてソフトバンクのPepperに代表される、人とコミュニケーションを行うことを目的とした「コミュニケーションロボット」だ。最近ではシャープのRoBoHoNをはじめ、さまざまなメーカーからコミュニケーションロボットが販売されている。[7][8][9]

産業用ロボットやサービスロボットと比較した際のコミュニケーションロボットの特徴は、スマートスピーカー同様にSDKを使ってアプリを作ることができる点だ。

2014年6月5日に発表されたPepperは、同年9月20日から開発者向け先行モデルを限定200台で販売開始。ここからPepperのアプリを開発するPepperデベロッパーが誕生した。ちなみにPepperのアプリは「ロボアプリ」と呼ばれている。

---

[6]　ドコモの新たな挑戦 (1) AI音声エージェント「my daiz」の特長と「行動分析から学ぶパーソナル学習機能」- ロボスタ
　　https://robotstart.info/2018/06/27/docomo-mydaiz-01.html

[7]　YASUKAWA NEWS No.289（安川電機）
　　https://www.yaskawa.co.jp/wp-content/uploads/2009/12/P10_11.pdf

[8]　ロボットっぽくないデバイスとコミュニケーションできる？？コミュロボの本質を探る - ロボスタ
　　https://robotstart.info/2016/09/28/communication-robots-and-devices.html

[9]　半年ぶりにコミュニケーションロボット業界のカオスマップ公開！ 掲載ロボット数は129種に - ロボスタ
　　https://robotstart.info/2017/05/16/chaosmap-20171st.html

日本ではスマートスピーカーが上陸する数年前から、Pepperのアプリ開発者たちがVUI/UXを意識しないままに音声を用いたアプリを開発していた。

今回はPepperなどコミュニケーションロボットのロボアプリ開発に深く関わり、スマートスピーカーの開発にも関わる2名の方にお話をうかがった。コミュニケーションロボットの開発で大きな実績を持つお2人が数年にわたり悪戦苦闘して得た知見は、VUI/UXに関わる読者の参考になることだろう。ぜひ最後までご覧いただきたい。

インタビュー 　**渡部 知香氏**　株式会社ヘッドウォータース
UX/UIデザイナー・ロボットアプリクリエーター

[プロフィール]
Pepperの創成期からロボット用アプリの開発に関わり、さまざまなアプリのディレクションや発話調整の業務に携わる。また、スマートスピーカーが日本に上陸して間もないころに、Alexaが居酒屋の注文を受け付ける「Alexaオーダー席」という取り組みを行う。

（聞き手：ロボットスタート北構）

──Pepperのロボアプリ開発に関わることになったきっかけを教えてください。

数年前、勤めている会社でいろいろなきっかけが重なってPepperのロボアプリ開発を行うことになり、たまたまそのプロジェクトの一員になりました。もともとロボットがやりたかったというわけでもなかったので、本当に偶然ですね。

最初は会社のみんながコミュニケーションロボット（以下、ロボット）と関わる仕事をするのが初めてでしたし、当時はPepperをしゃべらせるにはどうしたらいいのかといった基本的なことすら何も分からない状態でした。「UX」や「VUI」という言葉も知らずに仕事をしていましたね。

Pepperで何ができるかを探るところから始まり、発話の調整やアニメーションを作る経験を経て、徐々にアプリ全体のディレクションなど、ロボットでアウトプットをしたときの見え方や伝え方を考える役割も担うようになっていきました。

――開発で苦労した点を教えてください。

　初期のころは複雑なものを作るのは難しかったので、Pepperがギャグやモノマネをするようなアプリを作ることも多かったのですが、当時は細かいこだわりを表現できる技術やノウハウを誰も持っていなかったので、ほんの10秒程度のネタを1本作るのにも何週間もかかりました。イントネーション調整から始まり、指先を動かすタイミング、次の言葉を発するまでの間の調整など、大げさではなく0.1秒単位の調整を永遠と続けるんです。そこまでやらないと「Pepperがこれをやるから面白い」、が表現できないんです。

　その末に「よし、渾身の1本ができた！」と思っても、ひと晩寝かせて次の日に同じものを見るとなぜかまったく違うものに見えるんです。「なんじゃこれ！　昨日見たのは何だったんだ？」となり、結局また一から作り直し、レビューして修正して……といったことを毎日のように繰り返していました。一生終わらないんじゃないかと思って、気が遠くなりそうでした。

　また、同じ音声の調整を延々とやっていると、単語のイントネーションがわからなくなることもよくありました。たとえば「おみくじ」とPepperに発話させたいとき、一度気になると、どういうイントネーションだったかわからなくなり、プロジェクトメンバー間で「おみくじ（↑）でしょ」「いや、おみくじ（↓）だよ」などと分厚いアクセント辞典を開いて言い合っていましたね。そういった設計書に落とせないものを共有しなければならない苦労もありました。

　そのうち、シナリオを書いた作家さんが音声を吹き込んだファイルを送ってきたり、実際に自分でPepperの動きを演じた動画を送ってきたりするようになりました。開発チームではドキュメントと合わせてそういった素材も見ながら実装していましたね。字面では「なんでやねん」の5文字でも、手を振りながら勢いよく突っ込みたいのか、ため息を吐くように呆れた印象にしたいのか、といったような細かいニュアンスの違いを表現するために、みんな必死でした。

　よしもとロボット研究所さん（以下、よしもと）と一緒にお仕事できたのも重要な経験でした。よしもとの演出に関わる方々が便利なタブレットを使うことに甘えず（＝多用せず）、Pepperのロボットとしての身体性や声を極限まで引き出す努力をしているのを間近で見てきたからこそ、ロボットにおけるUI/UXに対する視点が鍛えられたと思っています。

――ロボアプリの企画と演出については、Pepper のプログラム解説本(『Pepper プログラミング　基本動作からロボアプリの企画・演出まで』[*10])でも 1 章を割いて、どう実装すれば Pepper をいきいきと表現できるかを説明していますよね。

今まで想像もしなかったようなことが仕事になる

――Pepper に関わって生まれて初めて、発話調整という仕事をするようになったのですか?

　はい。特にプロジェクトに参画した初期のころは、アニメーターとしてひたすら発話を調整し、それに合わせた動作のアニメーションを作るという日々が続いていたのですが、Pepper という特定のロボットを使って前例のない特殊な仕事をしていたこともあり、将来のキャリアパスについて常に漠然とした不安が付きまといました。作業自体は面白くて大好きだったのですが、「音声調整って他の仕事で何の役に立つの?」という気持ちがずっと心のどこかにありました。

　この不安が少しずつ解消されていったのは、RoBoHoN など Pepper 以外のロボットや Google、Amazon などのスマートスピーカーが徐々に登場してきたころです。このころから、音声調整やアニメーションで表現を作る作業も、実はさまざまな分野に応用が効くようになっていくのではと思う瞬間がたびたび出てきました。

　また、ロボットのアプリ開発で苦労していたときに、開発者同士で話していた UX の概念などの話題がスマートスピーカーに対しても同じように話されるようになったのを見て、もしかすると自分がずっとやってきたことは、名前のついた 1 つの職種として認知される日が来るかもしれないと感じるようになりました。

――ロボット用のアプリ開発の流れでスマートスピーカーも担当するようになったのですか?

　はい。スマートスピーカーが日本に上陸して間もないころ、居酒屋に「Alexa オーダー席」[*11] という専用席を設けて、Amazon Echo Dot を使って注文を受け付けるという取り組みを行ったのですが、この企画をきっかけにスマートスピーカーの仕事に

[*10]　『Pepper プログラミング　基本動作からロボアプリの企画・演出まで』(ソフトバンクロボティクス 村山 龍太郎、谷沢 智史、西村 一彦 著、SB クリエイティブ刊、2015 年)
　　　https://www.amazon.co.jp/dp/4797384492/

[*11]　「Amazon Alexa」が渋谷の居酒屋に導入　音声アシスタントで飲み物注文、スタッフの労力は 50%に - ロボスタ
　　　https://robotstart.info/2018/03/19/alexa-izakaya.html

も関わるようになりました。

Amazon Echo Dot を使って注文を受け付ける「Alexa オーダー席」

　デバイスとの対話が発生するという点で、UI/UX の設計などロボットのアプリ開発に共通する部分が多かったので、スマートスピーカーはすんなり馴染めた気がします。

──渡部さんが初めてスマートスピーカーのスキル制作に関わったときの第一印象は？

　最初に感じたのは「顔がない」ということです。Pepper でロボアプリを作るときは、発話だけでなく利用者と Pepper の「目を合わせる」ということを常に意識していたので、対象がスマートスピーカーに置き替わった途端に、そういった「お互いが対面して会話する」という前提が変わってくるなと思いました。
　もう1点は、「ライフサイクル」の概念が異なるという点です。
　たとえば Pepper などのロボットは物理的に身体があり、たとえコンテンツが始まっていなくても置いた瞬間からそこに「存在」するので、アプリ内だけで完結せず空間内での存在も考えてアプリを作る必要があります。
　たとえば受付をするアプリの場合、Pepper 自身の接客は利用者の視界に入った瞬間ではなく、来訪者を待っている時点から始まっています。
　誰もいないときにも周りを見てキョロキョロさせて存在を認知させたり、来訪者を見つけた瞬間の第一声を棒立ちで「こんにちは」ではなく、驚いたように顔を上げる動作をしながら「あっ！ こんにちは」と言わせる。そういうちょっとした演出を加えることで、「さっきまで 1 人で暇していたけれどあなたを見つけたので声をかけた」

という接客をしていない間の時間も意識させるストーリーが生まれ、利用者がロボットとインタラクションを始める際の違和感を軽減させることにつながります。

　スマートスピーカーは、ロボットと比べるとまだスマートフォンなどと同じ「道具」という接し方になることが多いので、使われていないときの扱いも含めてロボットのライフサイクルとは別の考え方が必要になると思っています。

——スマートスピーカーのスキル開発に関わってみていかがですか？

　入出力が音声の1種類なので作るのが簡単な分、表現が難しいと感じています。
　たとえば、Pepperで聞き間違いをしてしまった状況であれば、「間違えちゃいましたぁ」と話しながら照れたように頭を掻くような動作を付けたりして、お茶目なキャラクターを演出することが可能です。一方スマートスピーカーの場合は「しゃべりながら動く」といったような同時に複数の手段で情報を発信することが難しいため、よりシナリオ設計や音声アシスタントが発話する際のイントネーションや声のトーンに気を遣う必要があると感じています。
　また、現在市場に出回っているスマートスピーカーは、文字通り「スピーカー」の見た目をしているものがほとんどです。ビジュアルと音声の表現に制限がある中で、どうやって利用者の気持ちを惹きつけ親しみを持ってもらえるか考えることが大事だと思います。

——渡部さんは、スマートスピーカーの勉強会にも活発に参加されていますが、ロボットとスマートスピーカーのコミュニテイに違いはありますか？

　スマートスピーカー業界の方が女性参加者の割合が多い気がします。
　いろいろな方のライトニングトークを聞くと、女性や、日常生活で女性と接する時間の多い人の方が、技術面ではなくスマートスピーカーの使い方に関することやVUIの設計思想のようなテーマにより関心が高い傾向にある印象です。スマートスピーカーは日常生活に入り込むハードルが低い分、使い勝手やちょっとした言い回しに敏感な女性がどんどん興味を持ってこの業界に足を踏み入れるようになったのかなと想像しています。
　そうした技術者以外の人がもっと開発に関わるようになるのは、とても良い兆候だと思っています。ウェブサイトを作るときにはデザイナーやイラストレーターがいる

ように、スマートスピーカーのスキル／アクションも演出やシナリオ設計は技術とは少し切り離して、得意な人が担えるようになるとよいですね。

　よしもととロボアプリ開発をするときも、企画を作るプロデューサー、シナリオライター、キャラクターや使い勝手を監修をするディレクター、コードを書く技術者、発話調整や動作で表現を作るアニメーター、タブレット画面のUIデザイナーなど、工程に合わせて多くの専門担当をつけることでUXの質を上げていましたが、きっと同じように今まで想像もしなかったようなことを仕事にする人がどんどん出てくるんだろうなと思っています。

――今の自分が昔の自分に相談されたらなんと言いますか？

「ロボットの発話調整やアニメーションの開発をやっていて良かったよ」と伝えてあげたいですね。その経験がスマートスピーカーのスキル開発でも生きているし、きっと将来出てくる他のさまざまなデバイスでも同じように生かせると思います。今やっている仕事にもそのうち一般的に認知されるような「職種名」が付く日が来るのかなと思っています。

　おそらくインターネットの黎明期と一緒で、今になってみるといろいろな技術は形を変えて繰り返すのだと思うようになりました。ロボットのアプリ開発で行われた一連のことが、次はスマートスピーカーで、そしてまだ見たことがない未来の技術やデバイスでも繰り返された結果、いろいろなことが進化していくのだと思います。

「今やっている仕事にもそのうち一般的に認知されるような『職種名』が付く日が来るのでは」（渡部氏）

| インタビュー | 春田 英和氏　アビダルマ株式会社 エンジニア |

[プロフィール]

Pepper のロボアプリ開発を行うエンジニア。Pepper のビジネスシーンでの活用事例を競うロボアプリコンテスト「Pepper Innovation Challege 2015」でベストテクノロジー賞を受賞。その後、多くの Pepper のロボアプリの開発、スマートスピーカーのスキル開発、ウェブ開発も行う。現在はエンジニアとしてデベロッパーマーケティング事業に従事している。

（聞き手：ロボットスタート北構）

――Pepper のロボアプリを開発することになったきっかけを教えて下さい。

　会社で Pepper のロボアプリコンテストに出すことになったのがきっかけです。Pepper と動画をかけ合わせてロボアプリを作ることになり、それが Pepper のロボアプリを作った最初でしたね。
　ちょうど手が空いていたタイミングだったのと、大学時代に AR を研究していたので現実世界に関するフロント関係は強いという認識を社内でされていたので、自分にアサインされた感じです。
　今までにコミュニケーションロボット（以下、ロボット）のアプリを作ったことはなかったので、基本的な Pepper の使い方を学ぶためアトリエ秋葉原[*12]に行きました。こうして作ったロボアプリをコンテストに出して、決勝戦の 10 作品に残ることが出来ました。

――Pepper のロボアプリコンテストでは来場者に体験してもらうブースがありますが、初めて作ったロボアプリを体験してもらった感想はいかがでしたか。

　何も知らない人に体験を与える場だったので怖さがありましたね。
　たとえば大量のデータの処理技術を案内するならば、プログラムの実行結果が期待

[*12] ソフトバンクロボティクスが公式で運営する、Pepper のロボアプリの開発を体験できるスペース。秋葉原にある。
https://www.pepper-atelier-akihabara.jp/

した動きをすれば成功です。期待したデータが取得できたり、期待した計算結果が出ればOKです。

一方ロボットの場合、期待した動きが正常に行われるのとは別に、ユーザーに対して感動を与える必要があります。ロボット用アプリでこちらが期待したアウトプットは出ているのに、見ている人にはそれほど響いていないということがありました。

このとき作ったロボアプリは、Pepperのカメラで目の前の人の顔を認識して感情分析し、その人の感情に合った動画を出し分けるというものでした。取得した感情に合った動画を表示しても、体験している人はふーんという感じや、首をかしげたりして、自分の思っていた反応と違うことがありました。これはオフィスでモニターに向かって開発をしていたときには気づかないことでしたね。

結果的にコンテストでベストテクノロジー賞という賞をいただいて、審査員の方も「ソフトバンクロボティクスがやりたかったことをやってくれた」と好意的なコメントをしていただきました。自分としても与えられたAPIを使いこなしたのですが、正直、心の中は不完全燃焼でしたね。

初めてのロボアプリ開発でロボットのUI/UXを引き出せませんでしたね。UI/UXについてきちんと考え始めたのは、ハッカソンに参加し始めてからです。

——印象に残るハッカソンでの体験を教えて下さい。

BEAMS JAPANが2016年9月5日に開催した「Pepper at BEAMS JAPAN HACK 2016」です。[*13] このハッカソンでは「日本最古のPepper」というロボアプリを作りました。

僕はお笑いが好きなのですが、短い言葉の中にギャップがある単語が組み合わさると面白いと思い、「最古」と最新のイメージがある「Pepper」を組み合わせてアイデアを膨らませました。

Pepeprで「最古」表現するために、オーパーツのように苔を模したフェルトをPepperに取り付け装飾をしました。インプットタイムのとき、BEAMSの店舗を見学に行き、店内に天空の城のような錆びた鎧などがあり、ここからインスピレーションを受けたというのもあります。

---

*13 Pepper at BEAMS JAPAN HACK 2016に行ってきました - ロボスタ
https://robotstart.info/2016/09/05/beamspepperhack01.html
https://robotstart.info/2016/09/06/beamspepperhack02.html

ロボアプリの実装としては、Pepperの片目だけを周期的に点滅させる、Pepperのタブレットに表示する画像をひび割れ加工にしてタブレットが割れてるように見せる、Pepperの手を触るとスローな口調で昔話をする、というだけでプログラム的にはシンプルでした。

春田氏が作った「日本最古の Pepper」

結果的にモノとしてのPepperの存在を含めた全体としての表現ができました。この作品で、ロボアプリは「Pepper含めた存在感を表現するもの」という自分の中での実感が持てました。

同時にPepperを使って感動を与えるには必ずしも複雑なコードや処理は必要ないとも思いました。

——その次に、Pepperが実際に名刺交換するというロボアプリ[*14]を作りましたよね。

当時、展示会にPepperを持ち込んで、タブレットに動画を流して自社の紹介をしていました。ここで営業担当から「紹介だけでなく、Pepperで名刺交換もできればすべて完結するよね」と半ば冗談のつもりで出たアイデアを採用しました。

名刺交換は展示会の一連の流れにあります。キャッチ（呼び込み）して、トーク（プロダクト紹介）して名刺交換して、リードを獲得するという流れです。

---

*14 エビリー（Eviry, Inc）の紹介動画
　　https://www.facebook.com/eviry.inc/videos/1589326051087232/

当時Pepper単体で呼び込みをして、タブレットで動画を流してプロダクトの紹介まではできていました。名刺交換ができれば展示会の一連の流れ全部がPepper1台で完結します。こうすればPepperの説明をする人を割かなくてもよくなります。

　Arduinoと光センサーを使って外部に名刺受け取りの機構を外付けして、Pepperと連携させました。一番大変だったのは、Pepperにいろいろな装置を付けたのでそれらが干渉しないようにすることでした。

　一方、ロボアプリ側は作るのに慣れていたので、頭の中でロボアプリの実装のイメージを考えて、それをそのまま実装していく感じですんなりできました。

Pepperが実際に名刺交換するというロボアプリ

──実践となる展示会ではいかがでしたか？

　名刺交換を実際に行うPepperを見るとみんな驚いていましたね。こんなことまでできるんだ、という感じです。

　たびたび問題も起こりました。モーターの熱などの展示会特有のトラブルです。結局、僕が現場に張り付きでいることになりました。

　獲得した名刺はPepperに付けた箱に自動で入るようにしたのですが、後で確認すると2枚知らない名刺がありました！この2枚は完全にPepperだけがコミュニケーションをして獲得した名刺です。これを見たとき、非常に感動しましたね。

——その後、Pepperのタブレットをオーブンに見立てて、レシピの説明をするロボアプリを作りましたよね。

　当時の会社では、Pepperのタブレットに動画を流し、Pepperがその動画の何秒目で何をしゃべるかを設定できるロボアプリを出していました。これを使うと、Pepper単体で動画を使った商品説明が行えます。

　リリースした後、ユーザーの利用状況を調べると、動画を再生させることがメインになっていて、Pepperは1分間に数秒しゃべる程度、といった使われ方が目立ちました。見せたい動画をPepperと上手に連携すれば、見てくれる人が増えるだろう思って作ったのですが、結果的にはセリフと映像を分けて考える人が多いと気づきました。

　Pepperのタブレットをオーブンに見立て、Pepper自身がレシピの説明をするロボアプリは、Pepperのセリフとタブレットの映像を上手に連携させるショーケースとして作りました。

Pepperのタブレットをオーブンに見立て、
Pepper自身がレシピの説明をするロボアプリ

　Pepperのタブレットを使って動画を流すときに多くの人がはまる落とし穴が、タブレットをメインで考えてしまう点です。本来、Pepperを使うなら主役はPepperであり、タブレットはサブでよいと考えます。

　タブレットを使って表現するほうが実装が楽だからといってタブレットをメインに作ると、プレゼン資料や動画、画像が主役になり、Pepperの魅力がなくなります。結果的に残念なPepperロボアプリ、いわゆる「Pepperが単なるタブレット台」と

呼ばれる状態になります。

　UXデザインの基本的知識に「ユーザーが視線をどこに置くか」があると思うのですが、視点の中心がタブレットになるロボアプリがいわゆる「Pepperが単なるタブレット台」、です。こうならないためには、ロボット全体に視点がいくようにすべきです。

　以前に北構さんが「いいロボアプリは抱きしめたくなる」と言ってましたが、タブレットにいくら良いコンテンツがあってもPepperを抱きしめたくはならないです。ロボット特有の感動があるのであれば、抱きしめたくなるものがあるのであれば、そこには動きがあったり手や首などの身体のパーツが必要なのでは、と思っています。

　魅力的なロボット用アプリを観察していると、単純なことをしっかり実装しています。たとえば、Pepperの頭を触ると驚くとか。これって人だと当たり前のことですが、開発をしていると、それを忘れてしまうんです。頭のセンサーをただのスイッチとして見てしまい、「頭を触ると次のステップに進む」という実装をしてしまう。こういった「人っぽさ」を無視した実装をすると、違和感のあるロボット用アプリになるんですよ。

――個人的にいろいろなロボット用アプリを見てきて思ったのが、パソコンやスマートフォンは画面の中でいくらデザインが破綻していても、（不便には思えど）使わざるを得ない場合は我慢して使います。

　ロボットのように実際の存在感があったり、スマートスピーカーのような音声のUI/UXは、私たちの日常世界の中に存在するものなので、人間のUI/UXに合っていない挙動をすると非常に違和感を感じます。Pepperの頭を触るとPepperが驚く動きを実装をすることは、僕らのリアルな世界ののUI/UXの実装です。

　私はいろいろな事例を見てきたのですが、違和感のないロボット用アプリは、日常生活を一緒に過ごしても違和感のないUI/UXを実装しています。さらにいうと、違和感のないUI/UXは日常に溶け込んでいるので、感動もなかったりします。なので、優れたUI/UXは日常に馴染めば馴染むほど自然になっていくと思います。

　北構さんの話を聞いて、日常でのコミュニケーションを超えたことはシステム側、ロボット側に要求してはいけないと思いました。

　エンジニアとしてはさまざまなアウトプットの開発に携わることは大きな経験になると思います。テキスト、画面デザイン、声、ロボットのモーションなどさまざまな

アウトプットがあると思いますが、経験則で3種類以上のアウトプットを経験するとどのアウトプットでもすんなり開発できるようになると思います。これはVUIだからVUIで表現できる限界はここまでだ、というような知識が勝手に頭の中で整理されていくんだと思います。

「日常でのコミュニケーションを超えたことはシステム側、ロボット側に要求してはいけないと思う」(春田氏)

＜著者紹介＞
北構 武憲（きたがまえ・たけのり）
ロボットスタート株式会社・取締役副社長。大学卒業後、広告代理店を経て1998年ヤフー株式会社に入社。その後、複数のインターネット企業を経て、2014年ロボットスタート創業時に共同創業者兼副社長として参画。現在の本業はコミュニケーションロボット、サービスロボットやスマートスピーカーに関するコンサルティングとビジネスデベロップメント、ウェブメディア『ロボスタ』ライター。新しいテクノロジーがどのように社会に浸透していくかに注目しており、コミュニケーションロボットやスマートスピーカー関連のハッカソン・イベントに積極的に足を運んでいる。
ロボスタ
https://robotstart.info/

監訳者あとがき

「Any sufficiently advanced technology is indistinguishable from magic.（十分に発達した科学技術は、魔法と見分けがつかない）」というのはSF作家アーサー・C・クラークの言葉だが、VUIはまさに魔法のように感じられるUIだ。1952年ベル研究所による数字認識装置から半世紀以上が経ち、1968年公開の映画『2001年宇宙の旅』で描かれた音声によるコンピューターと人とのインタラクションがようやく現実のものとなりつつある。

本書籍の原著は、2016年12月に出版されたCathy Pearl著『Designing Voice User Interfaces: Principles of Conversational Experiences』（O'Reilly Media刊）である。Cathy Pearlは2018年11月現在、GoogleでHead of Conversational Design Outreachとして活動している、VUIデザインの第一人者だ。

本書はPearlの豊富な経験から導かれた、VUIデザインを行ううえで重要なデザインの「原則」に関する書籍である。そのため、チュートリアルのような非常に具体的な開発方法は述べられていない。しかし、VUIによるアプリケーション開発は現在過渡期にある。だからこそ、個別具体的な開発手法ではなく、VUIをデザインするうえでの基礎となるデザイン原則を学ぶことが、優れたVUIやVUIを活用したサービスを開発するうえでの近道となるだろう。

また日本語版では原著の翻訳に加えて、日本語版独自の特別寄稿を収録することとした。本書に収録されている特別寄稿は、多摩美術大学 吉橋昭夫准教授と、ロボットスタート株式会社 北構武憲氏に執筆いただいたものである。吉橋准教授にはサービスデザインの観点から、VUIを用いたアプリを通じてユーザーに「サービス」を提供する場合に検討すべき事柄を解説いただいた。北構氏には日本におけるVUIの全体像を概観するとともに、VUIを用いたコミュニケーションロボットのアプリ開発者にインタビューを行っていただいた。特別寄稿のテーマを「サービスデザイン」と「コミュニケーションロボット」という2テーマに選定したことには理由がある。

VUIのデザインを行うにあたり重要になるのが、対話の全体シナリオを制作することである。シナリオにはペルソナやプロンプトのデザインも含まれる。またビジネスで提供するアプリであれば、ビジネスときちんと連動したVUIおよびUXのデザ

イン（以下、VUI/UX デザイン）を行う必要がある。しかし VUI のシナリオ作りはエンジニアや UI/UX デザイナーがこれまでにあまり経験したことがないものとなるため、いざ制作しようとすると困惑する人も多い。このような場合に参考となるのが「サービスデザイン」である。サービスデザインには、顧客の一連の体験をデザインするために有用なフレームワークが数多く揃っている。それらのフレームワークやサービスデザインの観点を用いることで、VUI のみならずサービス全体で一気通貫したユーザー体験をデザインすることが可能となる。以上の理由から特別寄稿のテーマのひとつを「サービスデザイン」とした。サービスデザインのフレームワークについては、詳細に解説されている書籍が複数発売されているので本書では立ち入らない。しかし、VUI デザインを行う際にサービスデザインの観点を持つことで、より顧客視点に立った UX をデザインすることができる。特にマルチモーダルデザインを取り入れる場合には有効となるだろう。特別寄稿では、サービスデザインの観点から本書の内容を補足する形で、吉橋准教授に検討すべき事柄をまとめていただいた。

　日本で VUI を生活者が使えるようになったのは 2012 年であるが、2014 年にはコミュニケーションロボット「Pepper」が発売されている。Pepper のアプリ（ロボアプリ）はオープン戦略が取られており、ロボアプリの開発に乗り出すデベロッパーが誕生した。コミュニケーションロボットには頭や手（腕）といった可動部がある場合も多いため、ロボアプリの開発にあたっては、目線やジェスチャーといった非言語的なコミュニケーション方法が注目されることが多い。しかし、ロボアプリのユーザー体験を形作っているのは「会話」、つまり VUI である。日本ではスマートスピーカー発売以前に、コミュニケーションロボットという文脈で VUI/UX デザインが行われていたことは世界でも珍しく、注目すべき事象だ。ロボアプリの開発者コミュニティで行われていた VUI/UX の議論と、スマートスピーカーの開発者コミュニティで行われている VUI/UX の議論には共通のものが多い、という知見は北構氏から教えていただいたものである。北構氏はコミュニケーションロボットやスマートスピーカーに関する知見が深いだけではなく、それぞれの開発者コミュニティにも深く関わっている。以上から特別原稿のテーマのもうひとつを「コミュニケーションロボット」とし、コミュニケーションロボットとスマートスピーカーの VUI/UX デザインの差異と共通部分について実際の開発者にインタビューを行い、まとめていただいた。

　どちらの特別寄稿も単純な「付録」ではなく、読者が今後 VUI デザインを極めていく際の足がかりとなるよう、執筆者と議論を重ねたものである。ぜひご一読いただきたい。本書が読者の VUI デザインを支える 1 冊になることができれば、幸いである。

謝辞

　日本語版の出版にあたりご尽力いただいた、翻訳者の高橋信夫氏、オライリー・ジャパンの田村英男氏、関口伸子氏、付録原稿を執筆いただいた吉橋昭夫准教授、北構武憲氏、インタビューをお受けくださった渡部知香氏、春田英和氏に深く感謝申し上げます。

　最後に「HAL9000」が由来という、VUIと縁のある名前をつけてくれた両親と、日々の監訳作業をサポートしてくれた家族、そしてVUIの楽しさと可能性に気付かせてくれた（今は家族同然の）スマートスピーカーに感謝いたします。

2018年11月
川本大功

索引

記号・数字
511 IVR システム .... 2、29、56、110、150

A
AirPods 228
Alexa .... 6、218
Alexa スキル .... 8、219
Amazon Dot 218
Amazon Echo .... 2、129、142、217、256
　開発で直面する課題 226
Amazon Plus 218
Amazon Spot 218
Amazon Tap 218
Amazon Transcribe 107
Android Auto 232
API.ai .... 23、142
Apple Car Play 232
Apple Watch 227
ASR .... →自動音声認識の項を参照
ASR ツール 107
Axure 179

C
Celtx 22
Clippy 79
Clova WAVE 256
Conversation Dashboard .... 204、213
Cortana ....
　2、50、54、75、78、97、114、149、163、234、238

D・E・F
Dialogflow 24
DTMF 162
DTT 191
ELIZA 10
Ford SYNC .... 186、229

G
Google Cloud Speech API 202
Google Home .... 2、217、219、256
Google アシスタント .... 2、14、16、219
GUI 90

H
Homey 220
Honda Odyssey 230
Hound .... 2、17、140、157
Houndify 142

I・J・K・L
InVision 179
Ivee 217
IVR システム ....
　→自動音声応答（IVR）システムの項を参照
Jibo .... 98、221
Kaldi 107
LingoFit 236

M

Mechanical Turk	155、182
Microsoft Band	227
Microsoft LUIS	142
Moto 360	227
my daiz（マイデイズ）	257
Mycroft	220

N

N-best リスト	46、120、132、201
NLU	→自然言語理解の項を参照
NSP タイムアウト	114
Nuance Mix	24、142

P・R

Pebble	227
Pepper	257、258
Robin	136
RoBoHoN	250、257

S

Siri	2、114、129、156、228
Sphinx	107
SSML	→音声合成記述言語の項を参照
Star Trek ComBadge	228

T

TMS	119
TMS タイムアウト	120
TTS	→音声合成の項を参照

V

VUI	1
VUI デザイナー	9
VUI とサービス	245
VUI エラーのパターン	42
VUI を使うことが得策ではない場面	4

W・X

Web Speech API	107
Wit.ai	23、107、142
Xiaoice	10

あ行

アーキタイプ	102
曖昧さの回避	58、135
アクション	256
アクセシビリティー	61、68
アクティブ・リスニング	91、116
アバター	78、79、81
利点	100
欠点	103
誤った棄却	200、209
誤った受理	209
アンケート調査	208
暗黙の確認	28
イアコン（earcon）	29
インタラクションモード	238

ウェイクワード .... 127、152
エラーアウト 178
エラーハンドリング .... 40、91
エンゲージメント .... 81、94
オープンスピーチ 132
オズの魔法使いテスト（WOzテスト） 177
音声合成（TTS：text-to-speech）
.... 67、148、225
音声合成記述言語（SSML：Speech Synthesis Markup Language） .... 149、225
音声生体認証 152
音声認識 107
　　　課題 122
音声認識閾値 27
音声の重要な優位性 3

か行

回帰テスト 215
会話型システム、会話方式 .... 32、36
会話型デザイン 15
会話型ユーザーインターフェース .... 1、6
会話マーカー 38
カスタマージャーニーマップ 246
カスタム辞書 211
感情分析（センチメント分析） 147
キャラクター .... 74、104、248
共参照 50
子供向けのVUIデザイン 124

コマンド制御型システム、コマンド制御方式
.... 32
コミュニケーションロボット 257
コンテキスト 153
コンテキストの維持 49
コンテキストの提示 66

さ行

サービスサファリ 246
サービスサファリブループリント 246
サービスロボット 257
さようなら 56
産業用ロボット 257
自然言語理解（NLU：natural-language understanding） .... 23、130、134、156
自動運転車 .... 186、229
自動音声応答（IVR）システム .... 1、92、108
自動音声認識
（ASR：automated speech recognizers）
.... 44、107
自動車向けVUIシステム .... 229、239
車載システム .... 34、186、229
　　　テスト 186
ジャストインタイム 116
しゃべってコンシェル 255
終端検出（endpoint detection） ... 34、108、193
終端検出タイムアウト .... 113、210
順序交代 37
初期段階でのユーザーテスト 173

信頼度 .... 28、59
信頼度閾値 210
スキル（Alexa） .... 8、219
スクリーナー 166
ストーリーテリング 81
スマートウォッチ 226
スロット 142
性格特性 .... 74、104
センチメント分析 147
想定外発話 200
想定内発話 201

た行

ダイアログ横断テスト
（DTT：Dialog Traversal Testing） 191
ダイアログマネジメント 142
滞在時間 198
対話サンプル 22
タスク完了率 196
正しい棄却 .... 200、209
正しい受理 209
遅延 .... 57、202
チャットボット 9
中間結果 211
沈黙による確認 29
通話の全録音（whole call recording） 203
データセット構築時の情報源 155
デザインツール 21
同一指示 50

ドロップダウンリスト .... 46、118

な行

ナビゲーション 201
認識テスト 193
認識のイリュージョン 94
ネガティブ・ポジティブリスト 147
ノイズ 122

は行

バージイン .... 65、92、108、199
パーソナリティ 101
バーチャルアシスタント .... 78、101、102
パイロットテスト 207
話しすぎ（TMS：Too Much Speech） 119
ハンズフリー .... 3、222
汎用的確認 29
ピクチャー・イン・ピクチャー .... 89、116
ビジュアル・モックアップ 22
ビジュアルな確認 30
ビジュアルな情報表示 111
ビジュアルフィードバック .... 78、97
否定語 140
ビデオゲーム 84
不一致 .... 192、200
負荷テスト 195
不気味の谷 104
複数話者 123
プッシュトゥトーク .... 34、93、238

プライバシー	5、127
プライミング	48
フロー	23
プロトタイピングツール	23
プロンプト	3、60、212
プロンプトのエスカレーション	46
ペインポイント	186
ペルソナ	73
ヘルプ	54、66
ボイスユーザーインターフェース（VUI）	1
コマンド制御型システム	32
会話型システム	32、36
ホームアシスタント	217
ボット	10
ホットワード	110

ま行

マジックワード	110
マルチモーダル	14、90、154
ムード（Cortana）	97
無音検出（NSP：no speech detected）	114
無音タイムアウト	114、192、200
明示的な確認	27

や行

役者を使ったVUIシステム	87
ユーザーテスト	161
質問内容	167
車載システム	186

自由形式質問	169
順序効果	165
タスクの定義	164
注意点	161
注目すべきこと	173
デバイスとロボット	187
背景調査	162
被験者の選択	165
ユーザーの習熟度	47
ユーザビリティーテスト	179
管理下あるいは非管理下	180
ゲリラテスト	18
ビデオ録画	181
ラボテスト	184
リモートテスト	180
リモートテスト向けサービス	182
ユニバーサルコマンド	54
ユニバーサルデザイン	68

ら・わ行

ラテン方格法	165
離脱率	197
リッカート尺度	168
リピート機能	202
リモートテスト	167、180、182
ログ	204
論理的表現	134
ワイルドカード	134
話者認証	152

● 著者紹介

Cathy Pearl（キャシー・パール）

Senselyのユーザー体験担当ディレクターとして、同社のバーチャルナースに命を吹き込み、慢性疾患患者と話す時の会話と共感の能力を与えている。

子供時代からコンピューターと話すことに興味を持ち、最初の対話プログラムをCommodore 64で書いた。認知科学とコンピューターサイエンスを専攻し、心理学、言語学、ヒューマンコンピューターインタラクション、人工知能などを学んだ。1999年にNuance Commucationsで働き始めたときからボイスユーザーインターフェース（VUI）のデザインに携わっている。NASAのヘリコプターパイロット用シミュレーターから、Esquire誌のスタイルコラムニストがユーザーに初めてのデートに何を着ていくか教える会話型iPadアプリまで、あらゆることに関わってきた。NuanceおよびMicrosoft在籍中には、銀行、航空会社、ヘルスケア企業、およびFord SYNCのVUIをデザインした。

●監訳者紹介
川本 大功(かわもと はるく)
プランナー／リサーチャー。慶應義塾大学SFC研究所上席所員(リーガルデザイン・ラボ)、デジタルハリウッド大学メディアサイエンス研究所杉山知之研究室研究員、Fab Commonsメンバー。会社員と研究員の二足の草鞋を履きながら、人間拡張領域を中心に「新領域法学」や広義の「デザイン」、「事業開発」について研究と実践を行なっている。訳書に『オープンデザイン ―参加と共創から生まれる「つくりかたの未来」』(オライリー・ジャパン刊、共同翻訳・執筆)がある。

●訳者紹介
高橋 信夫(たかはし のぶお)
1953年東京都生まれ。学習院大学理学部卒。コンピューター会社勤務を経て2006年から翻訳、執筆業。主な訳書は『Mad Science ―炎と煙と轟音の科学実験54』『Mad Science 2 ―もっと怪しい炎と劇薬と爆音の科学実験』『Amazing Science ― 驚きのエンターテインメントサイエンス工作25』『Subject To Change ―予測不可能な世界で最高の製品とサービスを作る』(いずオライリー・ジャパン刊)、『フェイスブック若き天才の野望』『HARD THINGS』『エンジェル投資家』(いずれも滑川海彦氏と共訳、日経BP社刊)など。科学研究、科学教材開発も手がけ、オリジナル作品に「トンでも吸盤」がある。TechCrunch Japan翻訳チーム。東京農業大学非常勤講師。仮説実験授業研究会会員。

カバーの説明
表紙に描かれている動物は、アケボノインコ(学名Pionus menstuus)という鳥で、熱帯の南アメリカおよび中央アメリカ南部全域の林間に生息しています。
英語名(blue-headed parrot)の由来にもなっている青い頭部に加え、アケボノインコは緑と虹色の羽毛と、尾の下に赤い羽根を持っています。多くの成鳥は28cmくらいの大きさになります。
アケボノインコはさほど話好きではありませんが、きしむような高音で鳴きます。それでも、他のオウムの仲間と比べると落ち着いていて静かだと考えられています。極めて知能が高く社会性があり、ペットとして人気があります。平均寿命は35年ですが、60年生きるものもいます。

デザイニング・ボイスユーザーインターフェース
──音声で対話するサービスのためのデザイン原則

2018 年 11 月 30 日　初版第 1 刷発行

著　　　者	Cathy Pearl（キャシー・パール）	
監 訳 者	川本 大功（かわもと はるく）	
訳　　　者	高橋 信夫（たかはし のぶお）	
発 行 人	ティム・オライリー	
Ｄ　Ｔ　Ｐ	矢部 政人	
印 刷・製 本	日経印刷株式会社	
発 行 所	株式会社オライリー・ジャパン	
	〒 160-0002　東京都新宿区四谷坂町 12 番 22 号	
	Tel　（03）3356-5227	
	Fax　（03）3356-5263	
	電子メール　japan@oreilly.co.jp	
発 売 元	株式会社オーム社	
	〒 101-8460　東京都千代田区神田錦町 3-1	
	Tel　（03）3233-0641（代表）	
	Fax　（03）3233-3440	

Printed in Japan（ISBN978-4-87311-858-1）
乱丁、落丁の際はお取り替えいたします。

本書は著作権上の保護を受けています。本書の一部あるいは全部について、株式会社オライリー・ジャパンから文書による許諾を得ずに、いかなる方法においても無断で複写、複製することは禁じられています。